Helmut und Marianne Becker
Ich & Du und die Firma

ISBN 978-3-00-048530-5

Text: Helmut und Marianne Becker (V. i. S. d. P.)
2015 Kaarst

Gestaltung: Janina Wahle
Druck: Flyeralarm
Umschlaggrafik: nanami7/Shutterstock

## VOM 24/7-PAAR ZUM POWERPAAR



## KOMMUNIKATION IST (FAST) ALLES



## FIRMA TRIFFT PRIVATES

## ICH UND DU



## FAMILIENBANDE



## COACHING FÜR UNTERNEHMERPAARE



## UNSER DANK/ANHANG



**Anmerkung zum Sprachgebrauch im Buch:**
Wir haben – politisch vollkommen inkorrekt – nur die männliche Form verwendet. Weil wir überzeugt sind, dass sich Gleichberechtigung in anderen Dingen als in zeitgeistiger Gendersprache bewahrheitet. Sehen Sie es uns nach! Vielen Dank.

# Vom 24/7-Paar zum Powerpaar

# Wir haben's selbst getan

Carl Benz' Vision war es, Automobile zu bauen. Seine Frau Bertha glaubte an ihn, sponserte ihn und setzte gar sich und ihre Söhne in den Benz Patent-Motorwagen Nr. 3, um 1888 die 106 km lange Fahrt von Mannheim nach Pforzheim anzutreten. So bewies sie dem nichts ahnenden Carl, sich selbst und der Welt, was Gutes dabei herauskommt, wenn zwei einander vertrauen und füreinander einstehen. Bertha und Carl, für uns das erste moderne Unternehmerpaar der Welt.

Gut 100 Jahre später, 1989, unternahmen Helmut und Marianne Becker Ähnliches – jedoch für die Menschheit weitaus weniger Bedeutsames. Sie frisch getrennt, doch bedingungslos neu verliebt, er noch unglücklich liiert und überraschend am Ende seiner Konzernkarriere angekommen. Sie taten sich zusammen, weil sie an sich glaubten: an ihre Fähigkeiten, ihre Liebe, ihren Kampfgeist und ein wenig auch an ihr Glück. Und sie bauten eine Firma auf und waren fortan ein 24/7-Paar*, das alle Höhen und Tiefen erlebte. Heute sind sie immer noch zusammen und schrieben gemeinsam diese kleine Ermutigung für Paare, die wie sie schon lange zusammenleben und zusammenarbeiten oder vorhaben, das zu tun. Viel Spaß beim Lesen und Wiedererkennen!

* 24 Stunden an 7 Tagen pro Woche

# Mit wie vielen Kugeln spielen Sie?

Kennen Sie das hier abgebildete Newton-Pendel? In der Physik eine Vorrichtung zur Demonstration von Impuls und Energieerhaltung, ist das Prinzip ganz einfach: Man kriegt so viel hinaus wie man hineingibt. Deshalb die Frage an Sie: Mit wie vielen Kugeln spielen Sie gerade in Ihrer Beziehung, in Ihrer Firma, im Kontakt mit Ihren Kindern, Ihren Freunden und in der Selbstliebe? Spüren Sie einmal nach und gehen in den inneren Dialog.

Sollten es vier oder gar fünf sein, geben Sie viel hinein und bekommen ebenso viel heraus. Herzlichen Glückwunsch!

Sollten es nur drei oder weniger sein, hilft Ihnen vielleicht diese kleine Ermutigungsbroschüre. Bestimmt gelingt es Ihnen danach, Ihr Leben wieder mit anderen Augen zu sehen, bereichert um neue Impulse und stärkere Energie. Wir wünschen es Ihnen!

# Tragende Säulen

Klar, bei allen Paaren setzt sich das Leben aus vier tragenden Säulen zusammen. Doch bei 24/7-Paaren sind diese in einem Punkt schon gravierend anders. Das veranschaulichen die beiden Schaubilder.

Bei „gewöhnlichen" Paaren sind ein oder beide Partner berufstätig. Was im Job genau abgeht, ist für den anderen nicht immer nachvollziehbar. Das lässt manchmal Verständnis vermissen, hilft andererseits Work und Life gut voneinander zu trennen. Es sei denn, der eine muss für seine Karriere alles geben und bekommt dafür auch noch Stress zu Hause. Die Paarbeziehung gilt es zu gestalten; Familie eventuell mit Kindern, Haushalt und Finanzen unter einen Hut zu bringen und verbleibende freie Zeit mit Freunden oder Verwandten zu verbringen. Also schon in diesem Modell eine große Herausforderung! Nicht umsonst werden etwa 36 % aller in einem Jahr geschlossenen Ehen im Laufe der nächsten 25 Jahre geschieden.
(Quelle: Statistisches Bundesamt 2013)





Neben dem Alltagsleben auch noch die wirtschaftliche Existenz im gemeinsamen Betrieb zu verantworten, verlangt und gibt viel Kraft. Deshalb sind Paare in dieser Lebenssituation für uns Powerpaare, wenn sie das erfolgreich meistern.

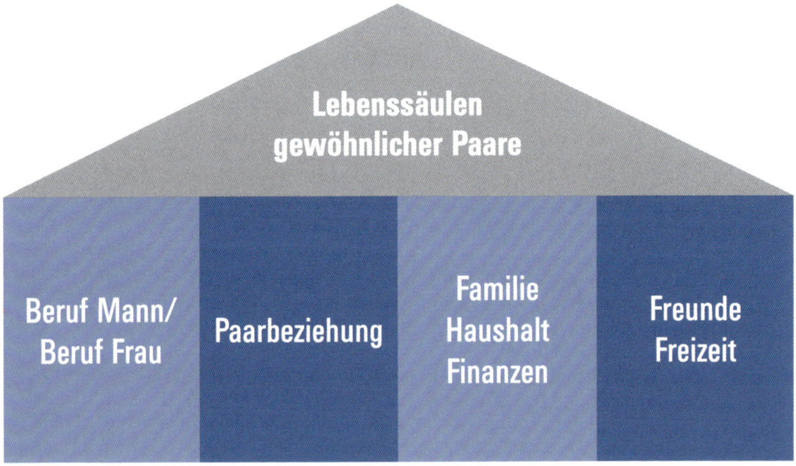

Bei Powerpaaren ist das Lebensmodell bei drei Faktoren ähnlich gelagert. Ein entscheidender Faktor aber stellt sich komplett anders dar. Beruf und Privatleben verschmelzen miteinander, denn beide sind im gleichen Unternehmen aktiv. Das hat Vor- und Nachteile (siehe Seite 22). Als deutlichsten Nachteil nennen die von uns befragten Unternehmerpaare die erheblich geringere Freizeit. Denn selbstständig zu sein heißt ja: selbst tun und das ständig.

Innerhalb dieses Lebenshauses gilt es sich nun einzurichten in der Konstellation ich/Du, wir (Eltern, falls Kinder vorhanden sind) und Firma. Das ist leichter gesagt als getan und manchmal kracht es ganz gewaltig. Werfen wir einen Blick auf die entscheidenden Dinge, ihren Zusammenhang und mögliche Wechselwirkungen.

**TIPP** Machen Sie sich die besondere Konstellation in Ihrem Leben bewusst. Auf Biegen und Brechen alles miteinander auf eine Karte zu setzen ist Herausforderung und Erfüllung zugleich. Gestatten und verzeihen Sie sich Fehler und lernen Sie daraus.

# Magisches Dreieck

Das Lebensmodell von Unternehmerpaaren gleicht einem magischen Dreieck. Es besteht aus den Komponenten „Ich & Du und die Firma" und ist der Rahmen für den Kern Ihres Lebens. Die Änderung an einer dieser Komponenten betrifft die beiden anderen unweigerlich mit. Geht es der Firma schlecht, merken „Ich" und „Du" das sofort. Denn die gemeinsame Existenzgrundlage ist gefährdet; das macht Angst. Geht es „Ich" oder „Du" schlecht, hat das Auswirkungen auf den Partner und die Leistungsfähigkeit in der Firma; eventuell auf den Unternehmenserfolg. Eine fatale Wechselwirkung.

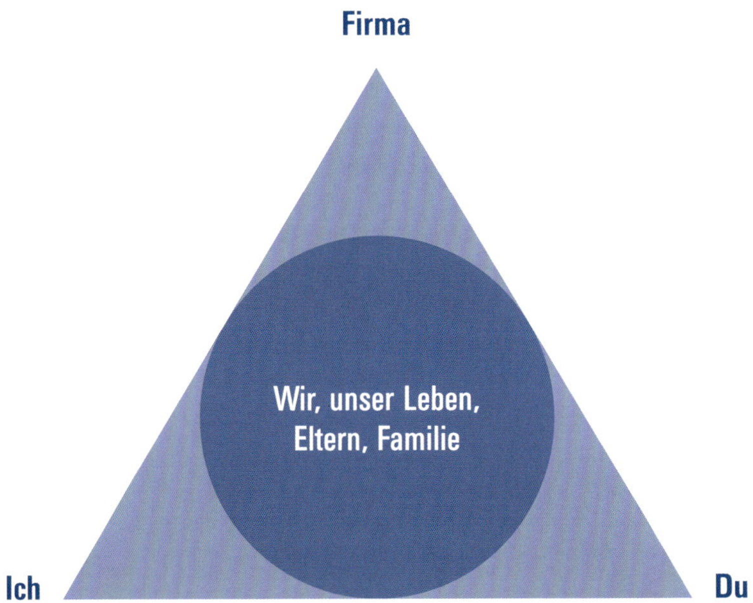




**TIPP** Das Erfolgsgeheimnis für gute Partnerschaft, Zusammenarbeit und Zufriedenheit: Halten Sie alle drei Komponenten in Balance!

# Himmelhoch jauchzend – zu Tode betrübt

Von vier (Faktoren) auf drei (Magisches Dreieck) hinunter auf zwei. Und zwar die beiden Elemente Firma und Paarbeziehung. Was mit welchen Auswirkungen passieren kann, verdeutlicht die Grafik.

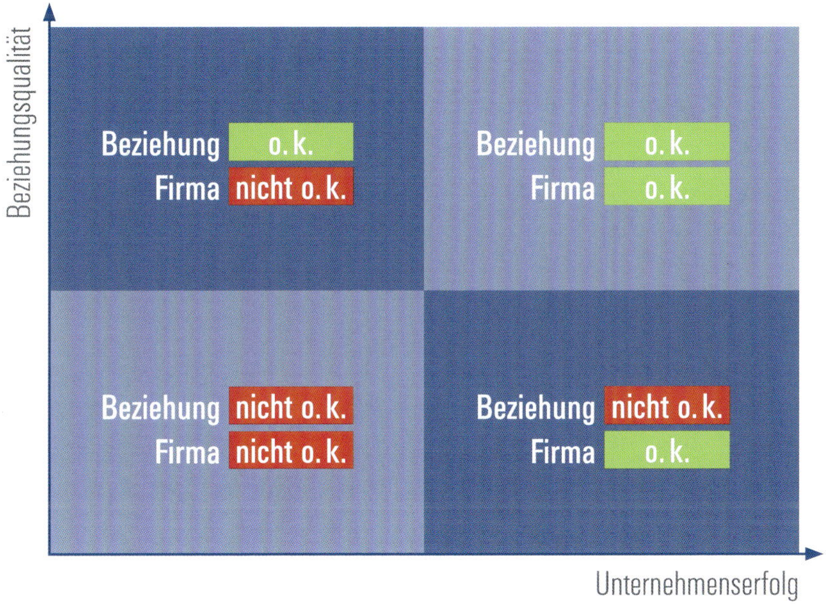


Ist die Beziehung o. k. und in der Firma läuft es gerade nicht rund, kompensiert das die gemeinsame Verbundenheit. Man stärkt sich gegenseitig und hofft auf bessere Zeiten bzw. packt dafür zusammen an.

Firma o. k., aber die Paarbeziehung nicht, heißt Gefahr im Verzug. Erfahrungsgemäß leidet die Firma über kurz oder lang unter dieser Konstellation. Hier lautet das oberste Gebot, die Partnerschaft wieder in den Griff zu bekommen, wenn man sein Lebenswerk bzw. seine Lebensgrundlage nicht gefährden will. Wenn das alleine nicht gelingt, holen Sie sich Hilfe!

Schwer zu sagen, was zuerst da war, wenn Beziehung und Firma nicht o. k. sind. Eine schier ausweglose Situation, in der Sie sich dringend professionellen Rat holen sollten. Paare in dieser Lage zerfleischen sich oft gegenseitig und verwenden alle Kraft auf wechselseitige Vorwürfe und Schuldzuweisungen. Doch das hilft niemandem weiter.

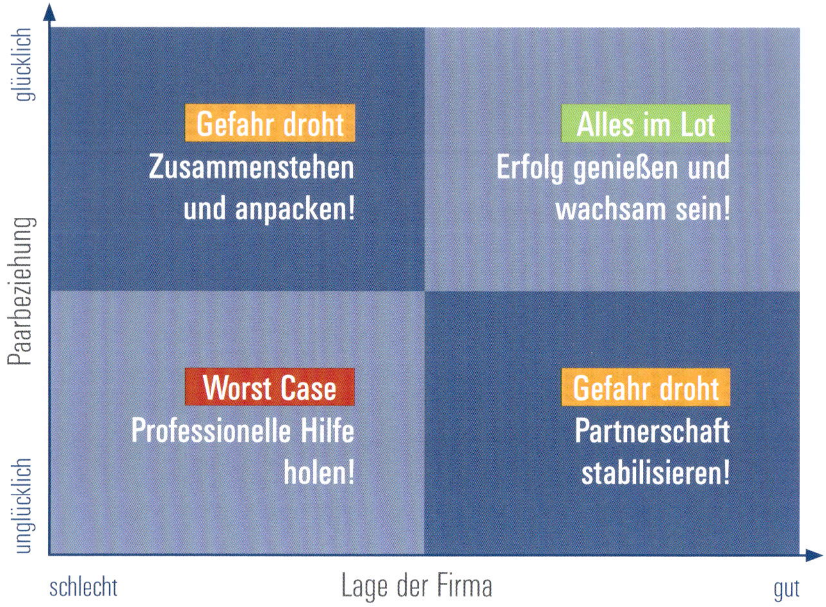


Wie glücklich können sich diejenigen schätzen, bei denen es im Unternehmen fluppt und die Paarbeziehung stimmt. Eine Dreamteam-Konstellation, die auch bei großem Arbeitsvolumen zufrieden macht.

**TIPP** Ist die Paarbeziehung o. k., lässt sich ein vorübergehendes Firmentief verkraften.

# Gute Kräfte, schlechte Kräfte

Wer als Paar zusammenlebt und zusammenarbeitet, verfügt über eine gemeinsame Vision. Daraus entwickelt sich zuweilen eine fast unbeschreibliche Energie. Zwei, die an einem Strang ziehen, bilden ein unbesiegbares Erfolgsteam. Wir haben selbst erlebt, wie beflügelnd es ist, wenn der erste große Auftrag an Land gezogen wird, man bis tief in die Nacht durchgearbeitet hat und glückselig den gemeinsamen Erfolg bei einem Glas Sekt feiert. Das sind die guten Kräfte. Eine solche Verbundenheit bleibt Paaren mit getrennten Berufen versagt. Erfolg ist dort immer nur der Erfolg des Einzelnen; nie der gemeinsame.

Andererseits ist der enge Zusammenhang aus Leben und Arbeit der 24/7-Paare auch ein großer Nachteil. Läuft es auf einem Feld schlecht, gleich ob Beziehung oder Firma, sind Mann und Frau in dieser Konstellation einander hoffnungslos ausgeliefert. Kaum ein Paar schafft es, die beiden Felder souverän und ohne emotionales Chaos auseinanderzuhalten. Frauen finden die Männer gefühlskalt und Männer die Frauen hysterisch. Frauen stellen alles sofort infrage und erpressen auch schon mal mit Verlassensdruck. Männer schweigen oder treten die Flucht an. Wir kennen das auch: Man hat sich gerade über den Partner geärgert und trägt genau diese negativen Emotionen mit in die Firma, boykottiert die Arbeit oder gar wichtige Entscheidungen und lässt so richtig die Sau raus. So emotionsgeladen wie es gegenüber einem fremden Dritten oder anderen Arbeitskollegen nie passieren würde. Das sind die verdammt schlechten Kräfte.

**TIPP** Geben Sie sich unbedingt Spielregeln für Konfliktsituationen. Definieren Sie, was für den anderen jeweils ein absolutes No-Go oder ein Tabubruch ist.

# 10 Spielregeln für Powerpaare

Wie Sie vom 24/7-Paar zum echten Powerpaar werden, lesen Sie hier:

### 1. (An-)Erkennen Sie Stärken und Schwächen des Partners

Jeder Mensch ist anders. Die Partner haben meist unterschiedliche Charaktere, andere Arbeitsweisen, eigene Denkstile. Da gibt es kein besser oder schlechter; sondern eben nur anders. Keiner sollte versuchen, den anderen umzuerziehen. Das gelingt nicht. Akzeptieren Sie Ihre einmalige Unterschiedlichkeit und profitieren Sie davon. Das ist sowohl für den Betrieb als auch für die Partnerschaft bereichernd.

Fühlt sich ein Partner nicht akzeptiert und sogar angegriffen, wird er sich zur Wehr setzen, hinter einer Barriere verstecken oder sogar die Partnerschaft verlassen. Wechselseitige Akzeptanz ist ein guter Boden für Vertrauen.



### 2. Seien Sie stolz aufeinander

Setzen Sie sich zueinander nicht in Konkurrenz. Denn wenn Sie als Paar miteinander konkurrieren, verschwenden Sie Kraft und Energie. Klären Sie, wer welche Verantwortungsbereiche leitet, wie viel wer verdient, welches Auto wer fährt, welche Rolle gegenüber Mitarbeitern, Kunden und Lieferanten wer einnimmt. Mal macht es Sinn, dass einer den Guten und der oder die andere den Bösen gibt. Immer abgestimmt, immer authentisch und immer mit dem Rückhalt des Partners. Seien Sie stolz auf Ihr Lebensmodell und das in der Firma Erreichte oder Bevorstehende. Stolz aufeinander zu sein, vermittelt das Gefühl, sich in jeder Lebenssituation auf den Partner verlassen zu können.

## 3. Teilen Sie Erfolg und Misserfolg

Wenn im Betrieb etwas gut gelingt, hat jeder garantiert seinen Anteil daran. Wertschätzen Sie das und loben Sie Ihren Partner und bedanken Sie sich bei ihm für die Unterstützung, so wie Sie es auch bei einem Mitarbeiter tun würden. Gerade der eigene Partner braucht Anerkennung, Motivation und Bestätigung. Verschenken Sie dies alles reichlich; es kommt garantiert zurück.

Ein Kunde beschwert sich, eine Reklamation trifft emotional oder monetär hart, eine Ausschreibung wird nicht gewonnen, ein wichtiger Mitarbeiter kündigt; die Aufzählung möglicher Herausforderungen lässt sich beliebig fortsetzen. Stehen Sie einander in Zeiten des Misserfolgs bei. Vermeiden Sie Schuldzuweisungen und Vorwürfe! Das ist destruktiv. Fallen Sie gemeinsam hin, stehen Sie auf, richten Sie das Krönchen und gehen Sie Hand in Hand weiter.

## 4. Probleme lösen statt streiten

Der Auftrag, der nicht fertig wird; der Mitarbeiter, der immer montags krank ist. Oder der Elternabend, zu dem dieses Mal beide dringend hinsollen. Probleme sind da, um gelöst zu werden! Streiten Sie gewaltfrei (s. Seite 27). Das ist optimal, weil sich niemand auf seinen Standpunkt versteift, sondern gemeinsam eine Lösung angestrebt wird.

Wenn sich ein Partner mal richtig Luft macht, dann schließen Sie das Ventil nicht gleich wieder, indem Sie die Beziehung infrage stellen. Das ist Erpressung, verunsichert und kostet Vertrauen. Und bei einem neuen Problem bitte keine „ollen Kamellen" aufwärmen oder aus der Vorwurfshaltung agieren. Dann macht der Partner einfach nur dicht, was keinem weiterhilft.

Manch einer versucht, seine Probleme oder seinen Ärger im Alkohol zu ertränken oder bei exzessivem Sport davonzurennen. Was erreicht man dadurch, außer einer kranken Leber, trübsinnigen Gedanken und strapazierten Gelenken? Besser ist es, sich dem Problem zu stellen, darüber nachzudenken, mit dem Partner zu reden und einen Ausweg zu suchen.

## 5. Entscheidungen gemeinsam treffen

In einer guten Partnerschaft haben immer beide Personen ein gleichberechtigtes Mitspracherecht. Das gilt für alle Lebensbereiche des Unternehmerpaares. Der eine möchte dieses und der andere hat vielleicht berechtigte Bedenken oder ergänzende Ideen. Deswegen vergessen Sie nie, den anderen in Ihre jeweiligen Pläne einzubeziehen.

Durch das gemeinsame Planen wird die Zusammengehörigkeit gestärkt und die Rollen in der gemeinsamen unternehmerischen Verantwortung werden ernst genommen. Entscheidet immer nur einer, kann sich der andere Partner bald ausgestoßen vorkommen, wird sich langsam, aber sicher zurückziehen, um sich bei Fehlentscheidungen umso lauter zu Wort zu melden.

## 6. Bleiben Sie immer im Gespräch

Reden ist von elementarer Bedeutung in einer Beziehung. Das miteinander Kommunizieren erhält eine Partnerschaft am Leben und zeigt den Partnern, dass der andere sich für einen interessiert. Wer schweigt, kann keinen Zugang zum anderen finden. Gefühle benennen und Bedürfnisse erkennen, Probleme lösen; das alles kann nur durch Dialog geschehen.

Beachten Sie, wann Sie als Unternehmerpaar was besprechen. Berufliche Dinge erörtern Sie am besten zu festen Terminen mit Tagesordnung im Betrieb. Private Auseinandersetzungen haben dort nichts verloren. Trennen Sie das und besprechen Sie Privates zu einem späteren Zeitpunkt zu Hause.

Gelingt Ihnen das einmal nicht und Sie rutschen vom Betrieblichen ins Private, vielleicht sogar vor Dritten, vereinbaren Sie ein Zeichen oder Codewort, das Ihnen hilft, da wieder rauszukommen.

## 7. Stehen Sie füreinander ein

Stehen Sie loyal zu Ihrem Partner. Immer! Hat einer etwas falsch gemacht oder wird von anderen kritisiert, dann stärken Sie einander den Rücken. Ihr Partner dankt es Ihnen und wird sich genauso verhalten, wenn Sie einmal Rückendeckung oder eine helfende Hand brauchen. Verbundenheit zeigt sich dadurch, dass Sie bei aller Kraft und Zeit, die Sie in die Firma stecken, den Partner nicht vernachlässigen. Wichtigste Maxime im gemeinsamen Unternehmen: nie öffentlich den Partner zu kritisieren oder hinter seinem Rücken über ihn zu lästern. Das würde Ihr Partner als Verrat empfinden. Zeigen Sie, dass Sie ein untrennbares Team sind und gemeinsam durch dick und dünn gehen. Loyalität bedeutet auch, dem Partner treu zu sein – nicht fremdzugehen.

## 8. Trennen Sie Firma und Privatleben

Bürostreit sollte im Büro bleiben. Sonst geht der Beziehungszauber irgendwann flöten. Nehmen Sie also möglichst nicht zu viel vom Beruf ins Privatleben mit und nichts vom Privatleben in den Beruf. Natürlich können und werden Sie zu Hause über die Firma und die Tagesereignisse reden. Schließlich ist Ihr Partner dafür die erste Adresse. Das ist sogar wichtig, um Ärger zu verarbeiten. Achten Sie nur darauf, dass es nicht überhandnimmt.

Und verabreden Sie vor allem am Wochenende und bei den Mahlzeiten eine „firmenfreie Zeit". Ganz wichtig ist es, im Urlaub das Firmenhandy nur zu zuvor gemeinsam festgelegten Zeiten zu checken.

## 9. Pflegen Sie Ihre Paarbeziehung

Schaffen Sie sich als Unternehmerpaar immer wieder kleine Inseln der Freude und Entspannung. Sie arbeiten garantiert mehr als acht Stunden täglich. Tanken Sie deshalb zwischendurch einfach mal auf. Ob Genießerwochenende im Relaxhotel, gemeinsames Golfen, der Besuch einer Wellnessoase, der Tanzkurs oder Opern-, Theater- und Musicalbesuch oder ganz einfach der gemeinsame Spaziergang. Unternehmen Sie etwas zusammen, was Ihnen Spaß macht.

Schon vergessen? Ein wesentlicher Bestandteil einer Liebespartnerschaft sind Zärtlichkeiten und körperliche Berührungen. Kälte oder Routine können für eine Beziehung „tödlich" sein. Und immer nur das Gleiche langweilt den Partner und weckt Neugier auf andere Sachen. Kleine Gesten, ein Lächeln, eine flüchtige Berührung zwischendurch helfen sehr und signalisieren Nähe und Vertrautheit. Das ist nicht nur schön, sondern macht Sie auch glücklicher und leistungsfähiger.





## 10. Gemeinsam lachen und das Glück in kleinen Dingen finden

Bei allem, was die Konstellation als Unternehmerpaar mit sich bringt: Tragen Sie es mit Humor! Lachen Sie miteinander, übereinander und über sich selbst. Aus dieser Entspannung heraus gelingt es Ihnen, das kleine und große Glück besser wahrzunehmen.

Es ist ein Geschenk, dass Sie einen Menschen gefunden haben, der sein Leben in so vielen Bereichen mit Ihnen teilt.

Halten Sie dieses Glück ganz fest!

# Außenwirkung

Kunden und Lieferanten sehen Unternehmen, die von Paaren geleitet werden, zumeist als zuverlässigen Partner und gewähren gern einen Vertrauensvorschuss. Dabei wird gerade von außen schnell eine klischeehafte Rollenverteilung verordnet.

Wer vom Unternehmerpaar für die Außenwelt welche Rolle spielt, will gut abgestimmt und festgelegt sein. Und zwar von Ihnen als Paar selbst. Und nicht aufgedrückt als Vorurteilsstempel der anderen. Regeln Sie, wer für was der Hauptansprechpartner ist. Das gilt zum Beispiel für Bankgespräche, Preisverhandlungen mit Kunden oder Lieferanten, Einstellungs- und Feedbackgespräche mit Mitarbeitern, Abfedern von Reklamationen, die Werbegemeinschaft sowie Kundenpflege oder das Neugeschäft.

Gerade in puncto Außenwirkung haben wir alles Mögliche erlebt. Der eine sah Marianne als die mitarbeitende Ehefrau oder als das kleine blonde Dummchen, der andere als den heimlichen Chef. Auch in Zeiten, in denen wir beide gleichberechtigt in der Geschäftsführung tätig waren, sahen mitunter vor allem emanzipiert auftretende Frauen ihn als den Chef fürs Ganze und sie als die, die eben mitarbeitete. Da hilft nur eines: Machen Sie immer wieder klar, wie die Aufgaben- und Verantwortungsverteilung in Ihrem Unternehmen aussieht.

Familie und Freunde reagieren zuweilen etwas genervt, wenn der Eindruck entsteht, das Unternehmerpaar ist beim Zusammensein gedanklich noch bei der Firma. Oder wenn Sie kurzfristig Verabredungen absagen, weil im Betrieb etwas dazwischengekommen ist. Das hinterlässt den Eindruck, als sei Ihnen die Firma immer wichtiger als die Beziehung zu anderen Menschen. Wirkliche Freunde können das einordnen. Andere haben schon mal Probleme damit.

**TIPP** Ärgern Sie sich nicht, wenn Sie glauben, falsch gesehen zu werden. Wer sich ärgert, büßt für die Sünden anderer.

# Vorteile der 24/7-Paare

- Gemeinsame Verantwortung
- Gemeinsame Ziele und Visionen
- Verbindende Erlebnisse
- Verständnis für die berufliche Situation des anderen
- Gemeinsame Erfolge gemeinsam genießen
- Blindes Vertrauen zueinander haben
- Zusammensein rund um die Uhr
- Sich gegenseitig unkompliziert vertreten
- Work-Life-Balance selbst herstellen (wer wann und wie die Kinder abholt und für sie da ist, entscheidet das Paar weitestgehend selber)
- Immer wieder voneinander lernen
- Arbeitszeiten flexibel regeln
- Urlaub machen, wann es passt

# Nachteile der 24/7-Paare

- Zusammen sein rund um die Uhr
- Geschäftliche Diskussionen zu Hause
- Keine Trennung zwischen Privatleben und Beruf
- Wirtschaftliche Abhängigkeit von derselben Firma
- Schlechtes Gewissen gegenüber den Kindern
- Wenig Freizeit oder keine Zeit für längeren Urlaub
- Kein Chef als Feindbild
- Eventuell fehlende Trennung von Privat- und Geschäftsvermögen
- Wenig Zeit für soziale Kontakte

# KOMMUNIKATION IST (FAST) ALLES

# Balsam für die Seele

Ist miteinander zu reden für „normale" Beziehungen ein wirksames Heilmittel, so ist eine gelungene Kommunikation bei 24/7-Paaren ein unbedingtes Muss.

Dabei gilt es, die privaten von den geschäftlichen Angelegenheiten zu trennen. Wir haben uns immer für die unterschiedlichen Arten der Themen verabredet und feste Termine im Terminkalender verankert.

**TIPP** Machen Sie eine kurze Liste mit Stichpunkten, die Sie gemeinsam erörtern möchten. Sowohl für den Betrieb als auch das Private.

Achtung, wenn dann in der Kommunikation Gefühle auftauchen und Emotionen die Regie übernehmen! Gerade bei betrieblichen Themen besteht schnell die Gefahr, unterhalb der Gürtellinie zu argumentieren. Und zwar schneller als bei einem fremden Dritten.



Das, was wir uns zum Teil um die Ohren gehauen haben, hätte man einem Kollegen in einem anderen Unternehmen niemals so gesagt. Das kann alles einmal passieren, das ist menschlich.

Wichtig bleibt es, zu merken, wann man den Bogen überspannt. Und dann fähig zu sein, wieder auf den anderen zuzugehen und seinen Fehler einzugestehen. Der kleine Satz „Es tut mir leid" wirkt dabei wahre Wunder.

# Wertschätzende Kommunikation

Wir haben im Laufe der Zeit Gefallen an dem Gedanken der gewaltfreien Kommunikation (GFK) gefunden. Dies ist eine besondere innere Haltung und Methode des sprachlichen Umgangs miteinander und wurde vor vielen Jahren von Marshall Rosenberg erfunden. Weiterführende Literaturhinweise dazu finden Sie im Anhang.

Verkürzt ausgedrückt, geht GFK davon aus, dass jeder Mensch das Leben eines anderen bereichern möchte. Man vermeidet Aggression und Angriffslust, wie sie in der sogenannten Wolfssprache vorkommen. Stattdessen hat die einfühlsame und aus einem wohlwollenden, überschauenden Blickwinkel agierende Giraffensprache das Sagen.

### Die Methode lässt sich auf vier Schritte vereinfachen:

1. Neutrale Beobachtung (also ohne Wertung)
2. Gefühlsaussage (Ich-Botschaft)
3. Bedürfnis erklären
4. Bitte stellen

### So klingt das an einem Beispiel:

1. „Du hast die drei letzten Investitionen alleine beschlossen."
2. „Das verunsichert mich und macht mich traurig."
3. „Denn ich wünsche mir Partnerschaft und Gleichberechtigung."
4. „Würdest Du die nächsten Investitionen bitte mit mir abstimmen?"

### Klingt das nicht viel besser, als zu sagen:

„Wieso hast Du unmöglicher Mensch die letzten drei Investitionen mal wieder alleine entschieden? Ich habe keine Lust mehr, ständig übergangen zu werden! Wenn das so weitergeht und Du Dich nicht umgehend änderst, kannst Du mich mal gernhaben und die Firma von mir aus alleine weitermachen. Dann kannst Du auch immer alleine entscheiden!"

**TIPP** Wie GFK auch Ihr Leben bereichert und Vorwürfe entgiftet, erläutern wir Ihnen gerne!

# Huhn oder Ei?

Kennen Sie so einen rauen Umgangston wie im Beispiel auf der vorigen Seite beschrieben? Wenn das erst einmal so weit ist, hat keiner mehr Lust, mit dem anderen zu reden. Jeder ist in sich zurückgezogen und leidet im Prinzip.

Und keiner weiß mehr, was zuerst da war. Das ist wie im Beispiel von Kommunikationspapst Paul Watzlawick. Er sagt, die Natur einer Beziehung ist durch die Interpunktion der Kommunikationsabläufe seitens der Partner bedingt. Puh, schwer zu verstehen und lässt sich am besten an einem Beispiel erklären: Die Frau nörgelt. Der Mann zieht sich zurück. Der Mann zieht sich zurück, weil die Frau nörgelt. Die Frau nörgelt, weil der Mann sich zurückzieht. Der Mann zieht sich zurück, weil die Frau nörgelt ... usw.

Interpunktion meint, dass jeder Beteiligte einen Gesprächsablauf aus seiner Sicht strukturiert und die „Interpunktion" (also Anfang und Ende, aber auch Ursache und Wirkung) unterschiedlich setzt. Menschliche Kommunikation verläuft kreisförmig. Deshalb hat man bei Auseinandersetzungen auch so oft das Gefühl, sich im Kreis zu drehen. Ein (Teufels-)Kreis, den man nur selbst durchbrechen kann, indem man seine eigene Perspektive verändert. Solange man dies nur von dem anderen erwartet, ändert sich nichts.

Geht der Mann auf die Frau zu, hört sie auf zu nörgeln. Hört die Frau auf zu nörgeln, geht der Mann auf sie zu. Wichtig ist es, Endlosschleifen aus verfahrener Kommunikation und negativer Energie möglichst rasch zu stoppen und unbeschadet da herauszukommen.

Es gibt eine Reihe hilfreicher Methoden, Kommunikationsprobleme anzugehen. Empathisches Zuhören, Paraphrasieren (mit eigenen Worten wiederholen, was man verstanden hat), Überprüfen, mit welchem Ohr (Sach-, Beziehungs-, Appell-, Selbstkundgabeohr) Sie Botschaften überwiegend aufnehmen. Dies alles in diesem Büchlein auszuführen, würde den Rahmen sprengen. Mehr dazu finden Sie in den Literaturtipps im Anhang. Erlernen können Sie diese Methoden in unseren Coachings oder Workshops.

**TIPP** Frauen möchten über Probleme reden, Männer möchten Probleme lösen. Das ist ein Gegensatz. Deshalb ist emphatisches Zuhören das Gebot der Stunde.

# So klappt's mit der Kommunikation

1. Wichtig ist es, sich immer zu erinnern, dass es **mehr Verbindendes** als Trennendes zwischen Ihnen gibt.

2. Verabreden Sie eine **Streitkultur**, in der eine rote Linie gezogen wird. Definieren Sie bestimme **Grenzen**, die keiner überschreiten sollte.

3. Attacken auf die Persönlichkeit des anderen oder Verletzendes sollte nicht zugelassen werden. Siehe dazu auch Literaturtipp **„Wenn es verletzt, ist es keine Liebe"**.

4. Vergessen Sie nicht die **unterschiedlichen Temperamente**, die in Ihrer Kommunikation aufeinanderstoßen. Siehe hierzu Kapitel „Ich und Du".

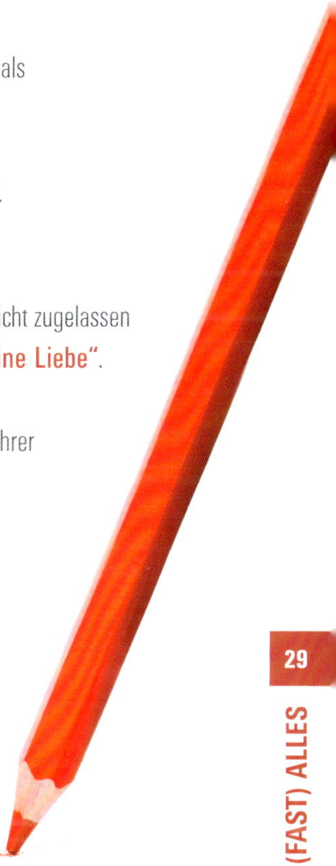

# Versöhnen hilft Probleme lösen

Es ist vollkommen gleichgültig, wer den ersten Schritt zur Versöhnung tut. Hauptsache, es passiert überhaupt. Reagieren Sie zugewandt auf Versöhnungsversuche Ihres Partners, lassen Sie ihn nicht abblitzen und strafen Sie ihn nicht mit Schweigen.

Versöhnen oder Probleme lösen geht besser, wenn man bereit ist, sich auf den Stuhl – also in die Gemütslage – des anderen zu (ver)setzen. Wenn Sie das probieren, ohne Ihre eigenen Denkmuster zu verlassen, wird das schwerlich gelingen. Und genau diese Idee, übliche Denkmuster zu verlassen, möchten wir Ihnen für Ihre gemeinsame Kommunikation mit auf den Weg geben.

Wir vergleichen das mit dem Neun-Punkte-Modell, das Sie vielleicht auch kennen. Versuchen Sie einmal, diese neun Punkte mit nur vier Strichen ohne abzusetzen miteinander zu verbinden. Die Auflösung dieser Aufgabe finden Sie im Anhang auf Seite 90.

Zu guter Letzt ist es nicht verboten, sich in ausweglosen Situationen und bei ernsten Kommunikationsproblemen professionelle Hilfe zu holen. Dies haben wir selbst einmal getan, als wir in vollkommen unterschiedlichen Welten und Erwartungen unterwegs waren. Mit einem Coach, der uns zu Hause aufsuchte, schafften wir es in zwei Sitzungen, die Standpunkte, Ängste und Bedürfnisse des anderen deutlich zu machen und so einander wieder zu verstehen und zu vertrauen.

Jeder von uns sollte seine Gefühle und den Zustand der Beziehung dadurch ausdrücken, dass er sich im Raum positionierte. Der eine stand in einer Ecke und der andere mit dem Rücken zur Tür. Eine Interpretation hierzu brauchen Sie nicht, oder?

Wie haben wir es geschafft, uns nicht zu verkriechen oder zu flüchten? Reden, reden, reden! Aber ohne erhobenen Zeigefinger! Und zuhören. Mit den Ohren, aber vor allem auch mit dem Herzen.

**TIPP** Ein gutes Gespräch über den kleinen und den großen Ärger hilft, Klarheit zu schaffen und kann Sie einander sogar wieder näherbringen. Und eine bewusste Versöhnung, also wieder ganz konkret „Ja" zueinander zu sagen, kann positive Auswirkungen auf Ihre Partnerschaft (privat wie beruflich) in sich bergen. Probieren Sie es aus!

# FIRMA TRIFFT PRIVATES

# Das war unser Unternehmen

Tja, was hatten wir für eine Firma? Zuerst war es eine aus der Not geborene Idee (wir berichteten von dem unerwarteten Ende der Konzernkarriere). Nämlich als Selbstständige das zu tun, was wir bislang schon beruflich gemacht hatten, nur beide als Angestellte, lange im gleichen Unternehmen. So taten wir uns zusammen und gründeten eine Firma, die irgendetwas mit Vertrieb und Marketing zu tun haben sollte.

Den Grundstein legten wir in einem Anderthalb-Zimmer-Büro in Köln-Ehrenfeld. Marianne war zunächst in verschiedenen Rollen unterwegs: Telefonzentrale, Empfang, Sekretärin und als Verantwortliche für Kalkulation und Preispolitik. Außerdem unterstützte sie Helmut bei den Konzepten, die er zu entwickeln hatte. Helmut war der Akquisiteur, der strategische Berater, der Vertriebs- und Marketingexperte sowie der Verwaltungschef. Zusätzlich regelte er alles von Steuer über Buchhaltung und Finanzen. Er dachte big und hatte Großes vor Augen, sie dachte klein und sorgte für Bodenhaftung, aber beide glaubten wir an den gemeinsamen Erfolg.

Alles ging dann Schlag auf Schlag. Mit dem berühmten Quäntchen Glück kamen die ersten Aufträge, und es wurde Tag und Nacht gearbeitet. Dabei gab es die ersten Konflikte, denn schließlich war da ein Kind zu Hause und am Wochenende warteten die Söhne aus Helmuts erster Beziehung auf ihren Vater.

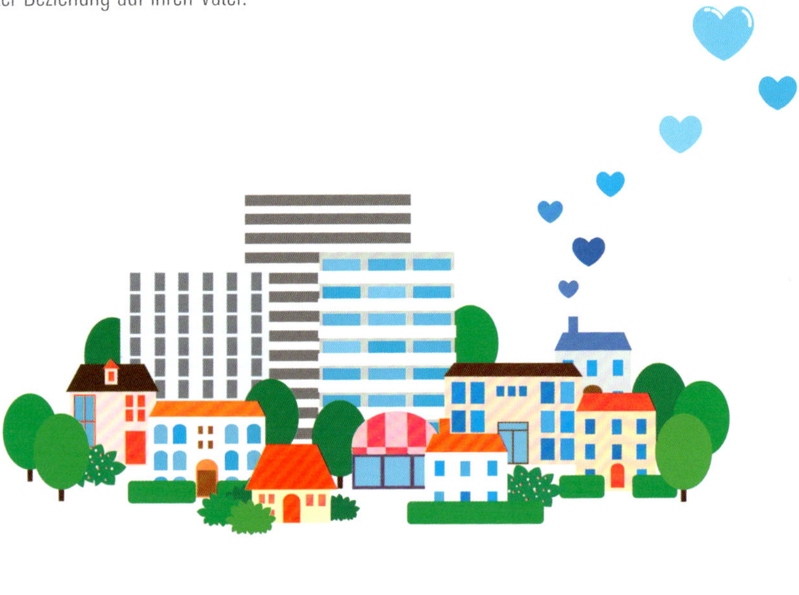

Trotz aller Widrigkeiten gab es eine schier unendliche Bereitschaft, zu lernen, zu wagen und gemeinsam zu schaffen. So wurde zur Annahme eines wichtigen Auftrages sogar ein Crashkurs zum DTPler (heute Mediengestalter) absolviert. Zwei Tage Intensivkurs, von einem Cousin mit Druckvorstufenbetrieb einen ausrangierten Macintosh mit Schwarz-Weiß-Bildschirm gekauft, und Marianne setzte die Geschäftsberichte einer großen Kölner Versicherung, für die Helmut weite Teile der Texte erstellte. Mit jeder Menge Engagement und Kampfgeist im Gepäck war der Grundstein für eine Erfolgsgeschichte mit bis zu 70 Mitarbeitern gelegt. Eine solche Erfahrung schweißt zusammen und ist eine Basis bis zum heutigen Tag.

Haben Sie keine Angst, groß zu denken, und lassen Sie Ihrer Phantasie freien Lauf. Nutzen Sie die gemeinsame Kraft und die garantiert unterschiedlichen Herangehensweisen.

**TIPP** Haben Sie eine Vision, halten Sie zusammen und packen Sie es an!

# Jedem seine Förmchen

Nach und nach wuchsen die Aufgaben. An Urlaub war in den ersten drei Jahren nicht zu denken. Nach einem Jahr stellten wir die erste Mitarbeiterin ein. Und dann begann eine rasante Wachstumsphase

Was ist uns in dieser Zeit gut gelungen? Jeder konnte das von sich einbringen, worin er stark war, und hatte sein klares Spielfeld. Jeder auf seinem Fachgebiet und mit seinen Stärken sowie mit klarer Aufgabenteilung und Verantwortung. Es war durchaus an der Tagesordnung, dass Helmut bei Fragen zu Preisen auf seine Frau verwies und diese bei strategischen Fragen an ihren Mann. Diese klare Aufgabenverteilung sorgte für Selbstverwirklichung, Zufriedenheit und dadurch für eine gute Zusammenarbeit im gemeinsamen Unternehmen.

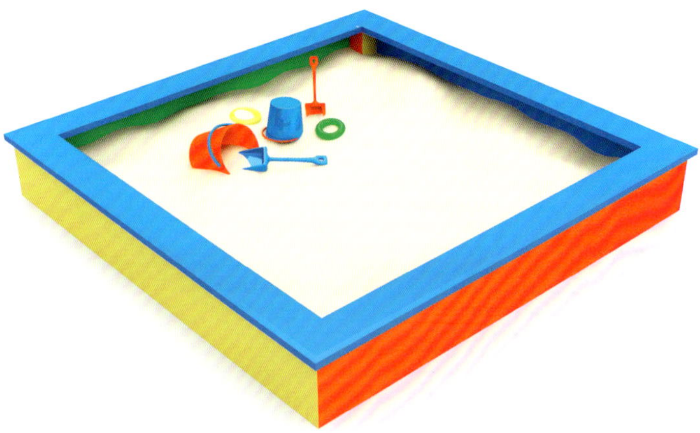



**TIPP** Jeder hat seine Verantwortlichkeit und seinen Bereich. Da darf der andere auch nicht reinreden. Aber gerne partnerschaftlich zuhören und weiterhelfen, wenn Rat gewünscht wird. Um es plastisch auszudrücken: Wie Kinder in einem Sandkasten braucht jeder seine eigenen Förmchen.

# Erfolgsfaktor Mitarbeiter

Mitarbeiter, die in von (Ehe-)Paaren geführten Unternehmen arbeiten, haben es nicht immer leicht. Da sind Chef und Chefin. Gut, die gibt es woanders auch. Nur sind diese dann nicht noch unbedingt privat miteinander verbunden oder gar verheiratet. So bekommen die Mitarbeiter allzu leicht einen Einblick ins Persönliche und werden dadurch beeinflusst oder gar beeinträchtigt.

Damit die Enthüllung nicht zu tief geht, sollte das Unternehmerpaar möglichst alles Private oder Persönliche aus dem Betrieb heraushalten. Ausgenommen ist solch kleiner Geheimnisverrat wie die Vorliebe für Lakritz und Süßes oder die zu erwartende schlechte Laune bei Hunger. Vermeiden Sie es bitte unbedingt, über den anderen zu lästern, ihn schlechtzumachen oder gar seine Schwächen preiszugeben. Das ist ein absolutes No-Go bei Kunden und kommt auch bei Mitarbeitern nicht gut an.

**TIPP** Ihre Mitarbeiter sind bei allem, was Sie als Unternehmerpaar tun, Augen- und Ohrenzeugen. Bewahren Sie immer Form und Fassung.

Von einigen Beratungskunden erfuhren wir, dass Mitarbeiter das Unternehmerpaar oft als ihre Ersatzfamilie sehen. Da übernimmt die Chefin gerade bei jungen Mitarbeitern den morgendlichen Weckruf, achtet auf deren Kleidung, geht zum Sprechtag der Berufsschule. Der Chef gibt vielleicht ab und zu einen Tipp für die Altersversorgung, unterstützt die Weiterbildung oder zeigt vor dem Spiegel im Herrenklo wie man eine Krawatte bindet, bevor es zum Kundenbesuch geht. Das war bei uns nicht anders.

So entstehen ein besonderes Vertrauensverhältnis und ein gutes Betriebsklima, die Mitarbeiter ans Unternehmen binden. Zu einigen unserer Mitarbeiter besteht auch 10 Jahre nach dem Verkauf der ersten Firma noch immer regelmäßig Kontakt.

Wichtig ist es, dass beide Partner in puncto Führungskultur und Umgang mit den Mitarbeitern an einem Strang ziehen und das Gleiche wollen.

In unserem Betrieb war das manchmal ganz verrückt, denn dann verhielten sich einige Mitarbeiter wie Familienangehörige oder Kinder und versuchten uns wie Eltern gegeneinander auszuspielen. Hier müssen wir eindeutig gestehen: Das ist gelegentlich gelungen. Nachdem wir dies bemerkten und uns die Auswirkungen klarmachten, änderten wir unser Verhalten. Von Stund' an war es weder möglich, uns gegeneinander auszuspielen noch uns zum Boten für den jeweils anderen machen zu lassen. „Können Sie Ihrem Mann heute Abend sagen, dass …" oder „Ihre Frau hat aber gesagt, dass …" wurde aus dem Repertoire gestrichen.

Was gibt es ansonsten in kleinen Betrieben in puncto Mitarbeiterführung zu beachten? Es kann passieren, dass Mitarbeiter ihre Sympathie ungleich auf das Führungsduo verteilen oder mit einem der beiden nicht klarkommen. Kein Problem, solange dies keine Auswirkungen auf den Arbeitserfolg hat und vor allem das Unternehmerpaar gut damit umgeht.

Mitarbeiter haben eine Meinung und Haltung dazu, wie das Unternehmerpaar agiert. Das kann von Bewunderung über Skepsis bis hin zu Neid gehen. Neid auf den scheinbar problemlosen Erfolg des Unternehmens, vermutete Unsummen an Inhabergehältern, auf „dicke" Firmenfahrzeuge und anderes.

Zu diesen Punkten war Transparenz (mit Ausnahme der Gehälter) unsere Maxime. In monatlichen Teamsitzungen informierten wir recht detailliert über Umsatz-, Kosten- und Gewinnsituation des Unternehmens und die Bedeutung einzelner Kunden für den Gesamterfolg. Das wurde gerne gehört und angenommen, solange es positive Nachrichten waren. Die Geschäfte entwickelten sich jahrelang stabil nach oben, wichtige Kunden konnten gewonnen werden. Die Aufgaben und das Team wuchsen; eine tolle Aufbruchsstimmung! Als es der Firma nach dem Platzen der Dotcom-Blase im Jahr 2001 schlechter ging, wir erstmalig kein Urlaubs- und Weihnachtsgeld zahlen konnten und mit der gleichen Offenheit berichteten, überforderten wir die Mitarbeiter damit teilweise.

**Merke: Wenn Ihre Angestellten mit solchen Tatsachen leicht umgehen könnten, wären sie selbst Unternehmer.**

**TIPP** Seien Sie so offen wie möglich und wie Sie es für Ihr Unternehmen für richtig halten. Haben Sie kein schlechtes Gewissen, weder für Ihre guten Gehälter noch bei notwendigen Einsparungen, wenn es einmal schlechter läuft. Sie tragen die komplette Verantwortung für das Unternehmen und sollten das auch klarmachen. Wichtig ist es, in Krisenzeiten nicht nur Verzicht von den Mitarbeitern zu erwarten, sondern selbst mit gutem und sichtbarem Beispiel voranzugehen.

# Konkurrenz und Eifersucht

Denken Sie jetzt: „So etwas gibt es nicht zwischen uns." oder „Ja, stimmt, manchmal verspüre ich so ein merkwürdiges Gefühl. Sollte das etwa Eifersucht sein?"

Wer in seinem Partner einen Konkurrenten sieht und nicht denjenigen, mit dem man gemeinsam an einem Strang zieht, sollte das Modell eines gemeinsamen Unternehmens schleunigst überdenken. Denn nur zusammen sind Sie für diese Herausforderung stark genug.

Nach unserer Unternehmensgründung gab es zu Beginn eine Zeit, die erforderte, dass Helmut in die Macherrolle ging und Marianne die Frau im Hintergrund war, die ihm den Rücken freihielt. Dies war ein Rollenverständnis und -verhalten, das zwischen uns beiden klar abgesprochen war und für eine bestimmte Zeit galt.

Sollte Ähnliches in Ihrer Situation erforderlich sein, besprechen Sie dies offen miteinander und loten Sie aus, ob beide mit dieser Rollenverteilung leben können. Dafür gibt es kein Patentrezept. Nur so viel sei empfohlen: Die Zuweisung muss glaubwürdig auf die Charaktere passen und für alle eine befriedigende Situation darstellen.

Vielleicht beobachtet auch in Ihrer Firma der andere ganz genau, wie die Sympathie von Kunden und Mitarbeitern auf die beiden Partner verteilt wird. Manches ist dabei einfach zu ertragen und anderes nicht. Marianne hatte lange ein Problem damit, dass ihre Leistung und das, was sie zum Firmenerfolg beitrug, nicht eindeutig gesehen wurden. Nicht von ihrem Mann, den Kindern, den Kunden, den Freunden. Im Laufe der Jahre gelang es ihr, sich zu emanzipieren. Und schließlich gab es Kunden, die besser mit dem einen oder dem anderen von uns zurechtkamen. Und das ist genau das Richtige, weil das meiste, was wir beruflich tun und bewegen, Menschengeschäft ist, wo der Nasenfaktor mit entscheidet.

Als Helmut seine erste Sekretärin bekam (Marianne hatte später selbst eine eigene Assistentin), empfand Marianne wirklich so etwas wie Eifersucht. Nicht, dass sie gefürchtet hätte, ihr Mann wollte sich einer anderen Frau zuwenden. Doch alleine die Tatsache, dass noch jemand außer ihr seine Ängste und Sorgen mit ihm teilte, machte ihr zu schaffen. Da half nur eins: darüber reden und sich versichern, dass man trotz allem der wichtigste Mensch im Leben des anderen bleibt.

**TIPP** Wechselseitige Wertschätzung und Anerkennung der Leistung des anderen ist die beste Basis für eine erfüllte und harmonische Zusammenarbeit.

# Bärchen oder Mausi

Kosenamen sind etwas Wunderbares, sagen die einen; etwas ganz Schreckliches, sagen die anderen. Ganz gleich zu welcher Fraktion Sie gehören, im Betrieb haben solche Kosenamen nichts zu suchen. Denn sie schwächen die Autorität des Paares vor allem in seiner Führungsrolle. Oder hätten Sie als Mitarbeiter Respekt vor einem Chef, der von seiner Frau „Bärchen" gerufen wird und dem seine „Mausi" immer ganz freudig antwortet?

Achten Sie sehr darauf, welchen Part jeder von Ihnen im Unternehmen einnimmt. Bei uns war die Aufgabenverteilung recht klar. Im Grunde war Marianne der gestrenge und kontrollierende Bad Guy und Helmut der verständnisvolle und tolerante Good Guy. Doch wenn es ernst wurde und es zum Beispiel darum ging, eine Kündigung auszusprechen, dann war Helmut der Very Bad Guy. Und diese Wirkung geht spontan verloren, wenn Mausi Bärchen auffordert, eine Abmahnung auszusprechen.

**TIPP** Verzichten Sie auf die Verwendung von Kosenamen im Betrieb. Mitarbeiter fühlen sich einerseits ungewollt in Ihre Privatsphäre einbezogen und andererseits fällt es einfach schwer, Chef oder Chefin uneingeschränkt ernst zu nehmen.

# Wie kommen Sie zu Entscheidungen?

Hier können wir uns selbst loben; das haben wir stets vorbildlich geschafft. In zuvor terminierten Gesprächen wurden z. B. anstehende Investitionen oder Personalentscheidungen besprochen, Für und Wider abgewogen und Kostenvergleiche angestellt. Nur wenn jeder von der Sache vollkommen überzeugt war, wurde eine positive Entscheidung getroffen. Dies ist auch stets gut gegangen, mit zwei Ausnahmen. Einmal investierten wir unverhältnismäßig viel Geld in ein Geomarketing-Programm und ein anderes Mal in die Gründung einer Internetfirma. Doch auch das überstanden wir gemeinsam.

Die gleiche Übereinstimmung sollte es bei Preispolitik, Leistungspalette und Qualitätsanforderung im Betrieb sowie in der Leistungsbeurteilung von Mitarbeitern geben. Es muss nicht jeder den gleichen Typus Mitarbeiter lieben. Doch zu beurteilen, wie Mitarbeiter sich einbringen, was sie verantworten und entscheiden, wie sie entlohnt werden, ist Aufgabe des Unternehmerpaares als Führungsteam. Und das geht nur im Konsens.

Die Marketingstrategie beziehungsweise die Ziele für das neue Geschäftsjahr planten und diskutierten wir jedes Jahr mit unserem Führungskreis. Dazu möchten wir Sie auch anregen. Denn das hilft, die eigene Sichtweise zu erweitern und die Mitarbeiter einzubinden. Mehr Identifikation mit dem und mehr Engagement für das Unternehmen sind die Folge.

Um das Thema Mitarbeiterförderung zu objektivieren und für das Personal nachvollziehbar zu gestalten, führten wir mithilfe eines befreundeten Unternehmensberaters ein Personalentwicklungsprogramm ein. Das ist ein sehr nützliches Instrument und geht viel einfacher, als Sie vermuten. Ganz ehrlich!

**TIPP** Sprechen Sie kontinuierlich darüber, wie Sie Ihre Mitarbeiter beurteilen. Führen Sie mit ihnen regelmäßig Feedbackgespräche. Trennen Sie sich von solchen, die Sie oder das Unternehmen belasten. Und fördern Sie diejenigen, die gemeinsam mit Ihnen etwas bewegen wollen.

# Die glorreichen Sieben gemeinsamer Unternehmensführung

1. Definieren Sie Ihre Rollen.

2. Verteilen Sie die Aufgabengebiete und Verantwortlichkeiten klar und nachvollziehbar.

3. Reden Sie dem anderen nicht in seine Bereiche rein, stehen Sie ihm jedoch bei Bedarf mit Rat und Tat zur Seite.

4. Verbannen Sie Konkurrenzgedanken und Eifersucht. Wertschätzen Sie einander!

5. Verabreden Sie, wie Sie zu Entscheidungen kommen. Und halten Sie sich daran.

6. Einigen Sie sich auf Grundsätze von Mitarbeiterführung und -entwicklung.

7. Trennen Sie Dienstliches und Privates, und handeln Sie im Betrieb stets als Unternehmerpaar.

# Das liebe Geld

Über die Frage, wer wie viel verdienen darf, lässt sich trefflich streiten. Oder auch nicht. Schauen Sie einfach, wer welche Aufgaben im Unternehmen übernimmt und wie diese Aufgaben in vergleichbaren Unternehmen entlohnt werden. Wichtig ist, dass beide Unternehmer einen Arbeitsvertrag haben und dass an die Altersversorgung gedacht wird. In welchem Umfang dies geschieht, ist natürlich abhängig von Unternehmensgröße, Branche und anderen Gegebenheiten.

**TIPP** Stimmen Sie die eigenen Arbeitsverträge mit Ihrem Steuerberater ab. Ein Gesellschafter-Geschäftsführervertrag sieht anders aus als beispielsweise ein Prokuristenvertrag. Ein abhängiges Beschäftigungsverhältnis sollte sozialversicherungstechnisch anerkannt sein, sodass im Falle einer Firmenschließung auch ein Anspruch auf Arbeitslosengeld sichergestellt ist.

Trennen Sie Privatvermögen von Firmenvermögen. So kann es zum Beispiel Sinn machen, Firmen- und Privatvermögen auf jeweils einen Partner zu verteilen, damit im Falle einer Insolvenz das Privatvermögen geschützt ist.

Die Kontenlandschaft innerhalb der Firma regelt sich gemeinsam mit dem Steuerberater. Das Kontenmodell zu Hause will auch überlegt sein. So haben wir es gemacht: Jeder hat sein eigenes privates Konto, es existiert ein gemeinsames Haushaltskonto und es gibt ein Haus- und Urlaubskonto, von dem Reparaturen für das Haus, private Anschaffungen und Urlaube finanziert werden. Wer wie viel zu welchem Konto beisteuert, regelt sich wieder nach den gemeinsamen ausgehandelten Gehältern.

# Wenn's richtig gut läuft

Ja, es gab richtig gute Jahre. Eine ganze Zeit lang ging es immer nur bergauf und von der ehemals einzigen Angestellten wuchsen wir auf über 70 Mitarbeiter. Die Firma rangierte unter den Top-25-Direktmarketing-Agenturen in Deutschland, wir waren lange Zeit Vorreiter beim Thema Kundenbindungs-Programme im Business-to-Business-Bereich. Das war toll, hat uns trotz 12- bis 14-Stundentagen sechs Mal die Woche Spaß gemacht und beflügelt. Und wir waren stolz auf das, was wir aus dem Nichts heraus geschaffen hatten.

Ja, es wurde immer viel gearbeitet. Und so manches andere blieb auf der Strecke. Fragen Sie da einmal unsere Kinder, Eltern und Familie. Und auch für unsere Gesundheit taten wir in diesen Zeiten nicht genug.

Wir bauten ein Haus, verbrachten tolle Urlaube, gönnten uns gutes Essen und legten dabei ein wenig zu. Kurzum: Wir versuchten stets, uns, die Firma und das Leben zu genießen. Meistens ist uns das gelungen.

**TIPP** Erfreuen Sie sich an Ihrem Erfolg, gönnen Sie sich kleine Auszeiten und genießen Sie das gemeinsame Leben!

# Wenn's mal nicht so richtig läuft

Tja, was macht man, wenn eine Krise kommt, ein bedeutender Kunde abspringt oder Mitarbeiter gehen, die nicht nur wichtiges Know-how, sondern auch wichtige Kunden mitnehmen? Es ist uns alles passiert, es hat uns Angst gemacht, Kraft gekostet und es hat uns zusammengeschweißt.

Das waren die wirklich schwierigen Momente, wenn man sich selbst eingestehen und den Mitarbeitern sagen musste, dass es bei einem Pitch (Ausschreibung) nicht gereicht hat oder eine Kundenverbindung verloren gegangen ist. Ganz gleich, ob dies aus Unzufriedenheit oder organisatorischen Gründen auf Kundenseite erfolgte. So etwas tut weh, denn wenn es einem nicht wehtäte, wäre man nicht mehr mit dem Herzen bei der Firma. Nur eins darf so etwas nicht mit einem machen: zu Selbstzweifeln und Minderwertigkeitsgefühlen führen. Das sind Augenblicke, in denen es ganz besonders wichtig ist, sich wechselseitig zu stärken und klarzumachen, dass das, was da geschah, nur mit der Firma und nicht mit einem selbst als Person zu tun hat. Nicht einfach, aber es lässt sich lernen!

**TIPP** Gerade in der Krise felsenfest zueinanderstehen und den Mut nicht verlieren!

# Das hätte nicht passieren dürfen

Weil wir alle Menschen sind, machen wir auch alle Fehler. Klingt nachvollziehbar, nicht? Doch wenn ein Fehler dem eigenen Partner in der eigenen Firma unterläuft, sieht man das oft mit anderen Augen. Hier werden auf einmal die Maßstäbe strenger, strenger als bei den „normalen" Mitarbeitern. Und noch schlimmer: Auch die Kritik fällt dann oft harscher aus als bei einem fremden Dritten.

**TIPP** Versuchen Sie, Ihre Kritik am Partner sachlich vorzubringen, und gehen Sie immer davon aus, dass Ihr Partner diesen Fehler nicht vorsätzlich begangen hat und dass er sich selbst darüber am meisten ärgert.

Wenn die Kritik doch einmal zu drastisch und verletzend ausgefallen ist, tut eine ehrliche Entschuldigung not. Geben Sie sich im Anschluss deutlich zu verstehen, dass das wechselseitige Vertrauen nicht beeinträchtigt wurde und wieder jeder hinter dem anderen steht und sich vollkommen auf ihn verlässt.



**TIPP** Absolut tabu ist Kritik mit dem Ziel, den Partner in seinem Selbstwertgefühl zu treffen.

Genauso falsch ist es übrigens, berechtigte Kritik hinter dem Berg zu halten, weil man die Auswirkungen fürchtet. So viel Vertrauen und Ehrlichkeit sollte zwischen Ihnen beiden herrschen, dass Sie sich klar in der Sache und wertschätzend zur Person darüber unterhalten, was in einer bestimmten Situation geschehen ist und was Sie sich anders gewünscht hätten.

Doch machen wir uns nichts vor. Natürlich gibt es auch mal gegensätzliche Interessen. Wenn Helmut in der Rolle des Finanzchefs Personalkosten senken musste und Marianne in der Leistungsabteilung dringend Mitarbeiter brauchte. Das sind Gegensätze, die nur in einem konstruktiven Konfliktgespräch zu klären sind.

**TIPP** Für jede Kritik gilt der Maßstab:
weich zum Menschen, klar in der Sache.

# Wenn einer schlapp macht

Der Körper ist wie das Internet: Er vergisst nichts! Vielleicht haben Sie das schon selbst erfahren. Ansonsten sollten Sie es sich gut merken: Wenn man seinem Körper zu lange Zeit mehr zumutet, als er verkraften kann, rächt er sich irgendwann, und zwar meistens dann, wenn Sie gar nicht damit rechnen. Und das hat jeder von uns beiden erlebt.

Helmut reagierte einmal auf jahrelangen Stress mit heftigem Nasenbluten. Das suchte er sich natürlich nicht aus, aber es kam immer in Situationen, in denen wir es am wenigsten gebrauchen konnten. Dann war dies für Marianne die Obergrenze an Belastung, denn es galt nicht nur alleine die Firma zu wuppen, sondern sich zusätzlich um den Mann am Krankenbett zu kümmern. Auf der anderen Seite waren es genau diese schier aussichtslosen Situationen, in denen Marianne am meisten gewachsen ist.

Als Marianne mit dem Rauchen aufhörte, begann etwas scheinbar Auswegloses. Fehlende Bewegung, das gute Essen der letzten Jahre und die Schwäche für Süßigkeiten ließen die Pfunde unaufhörlich steigen. Das führte zu Unzufriedenheit und Selbstzweifeln, diese Selbstzweifel wieder zu Unzufriedenheit. Die Wechseljahre taten ihr Übriges dazu. Schnell entwickelte sich ein Teufelskreis, der auch die Beziehung und die Firma nicht kaltließ. Wie ist sie da wieder herausgekommen? Zwei Ereignisse trafen zusammen. Eine gute Freundin bekam leider eine Brustkrebsdiagnose und ein wichtiger Kunde stellte die Zusammenarbeit vorübergehend ein. Marianne hatte mehr Zeit und die Freundin brauchte Aufmerksamkeit und Zuwendung. So führten die beiden Frauen gemeinsam ein Sportprogramm durch, das bis heute anhält und 17 Kilo schmelzen ließ. Übrigens: Marianne hatte bis zu diesem Zeitpunkt noch nie in ihrem Leben Sport gemacht.

**TIPP** Tun Sie was für sich und Ihre Gesundheit!
Es ist nie zu spät.

Wenn einer schlapp macht, weil er sich in der Beziehung oder in der Firma nicht mehr gut aufgehoben fühlt, ist das kritisch. Solche Situationen haben wir selbst nicht erlebt. Aus der Arbeit mit Unternehmerpaaren wissen wir aber, dass dies sehr wohl geschehen kann. Und es ist nicht schön anzusehen, wie sich ein gemeinsam aufgebautes Lebenswerk auflöst. Ebenso unschön anzusehen ist es, wie jemand „vor die Hunde geht", weil er die Aufgaben im Unternehmen nicht mehr bewältigen oder ertragen kann.

Beide tun gut daran, in einer solchen Situation den Tatsachen ins Auge zu schauen. Möchte ein Partner unbedingt einen beruflichen Neuanfang, unterstützen Sie einander. Ein Ersatz für die Arbeitskraft des Partners in der Firma wird sich finden. Das gemeinsame Leben in der Beziehung ist allemal wichtiger als das Leben in und mit der Firma.

**TIPP** Im Zweifelsfall geht die Beziehung ganz klar vor.

# (K)ein Ende in Sicht

Die Zeit geht ins Land, nahezu 25 Jahre verfliegen und man wird älter und manche sagen, reifer. Man wird jedoch auch langsamer und weniger belastbar. Und man fragt sich, wie es mit der Firma und dem Leben weitergehen soll.

Wir haben das so geregelt: Das Unternehmen verkauften wir an ein internationales Netzwerk. Das war emotional nicht einfach, das können Sie glauben! Dort arbeiteten wir noch eine Zeit lang mit. Zeitgleich führten wir eine kleine, auf wenige Kernaufgaben spezialisierte, eigene Firma weiter.

Unterdessen ist Helmut 65 Jahre alt und offiziell Rentner. Marianne hat noch sechs Jahre bis zu ihrem Renteneintritt vor sich. Der Versuch, noch einmal einen Job als Angestellte zu finden, missglückte. Das mag einerseits mit ihrem Alter und andererseits mit ihrer Vita zusammenhängen. Niemand traut es wohl einer langjährigen Unternehmerin zu, sich wieder in die Strukturen eines Angestellten-Daseins einzugliedern.

Deshalb beschlossen wir, noch einmal ein kleines Unternehmen zu gründen, die Becker Consulting GmbH. Die beschäftigt sich mit dem, was uns richtig Spaß macht. Unter anderem mit dem Coaching von Paaren, die gerade jetzt in der gleichen Lebenssituation sind wie wir seit über 25 Jahren. Und das immer noch aus voller Überzeugung.

Das Thema Unternehmensnachfolge stand bei uns nicht im Fokus. Wir wissen, dass das in vielen kleinen Betrieben – vor allen Dingen in der Gastronomie oder im Handwerk – ein Problem ist. Zu diesem speziellen Thema gibt es zahlreiche Beratungsangebote. Und wir legen jedem Unternehmerpaar wärmstens ans Herz, genau diese Nachfolge frühzeitig zu regeln. Zumal oft die eigene Altersversorgung damit verbunden ist.

**TIPP** Unternehmensnachfolge oder Verkauf der Firma unbedingt langfristig planen. Es ist eine ganz besondere Herausforderung, wenn in einem Familienunternehmen generationenübergreifend gearbeitet wird. Oft können die Alten nicht abgeben und loslassen und die Jungen würden gerne etwas ändern und innovativ sein, ihnen sind jedoch die Hände gebunden. Holen Sie sich jemanden von außen, der diese Situation zur Zufriedenheit aller klärt.

# ICH UND DU

# Wir wollen alle geliebt werden

Wir wollen alle geliebt werden.
Werden wir nicht geliebt,
wollen wir bewundert werden.
Werden wir nicht bewundert,
wollen wir gefürchtet werden.
Werden wir nicht gefürchtet,
wollen wir gehasst und missachtet werden.
Wir wollen ein Gefühl
in unseren Mitmenschen auslösen,
ganz gleich, um welches es sich dabei handeln mag.
Die Seele zittert vor der Leere
und sucht den Kontakt um jeden Preis.

*Hjalmar Söderberg*

# Das bisschen Haushalt

Betrachten wir das Kapitel der privaten Lebensführung. Auch die will gut geregelt sein. Hier unterscheiden sich die Unternehmerpaare gottlob einmal nicht von den „normalen" Paaren, bei denen beide berufstätig sind. Die Konfliktpunkte stimmen überein. Es geht um die Verteilung der privaten Verpflichtungen im Haushalt: also um Einkaufen, Kochen, Wäsche und so weiter. Oder um Kinderbetreuung, die Pflege des Gartens, das Kümmern um die privaten Finanzen und die persönliche Administration, wie Steuern und Versicherungen. Und schließlich um die Organisation der sozialen Kontakte zu Familie, Freunden und Nachbarn.

Wir hüten uns hier, irgendeine Patentlösung zu propagieren, gar eine, die dem klassischen Rollenverhalten entspricht. Was wir empfehlen ist, dass sich das Paar – und wenn Kinder vorhanden sind, die ganze Familie – an einen Tisch setzt und gemeinsam überlegt, wie die mannigfaltigen Aufgaben gerecht zu verteilen sind.

Jeder sollte offen sagen, was seine Fähigkeiten und Vorlieben sind, welche Aufgaben er gern übernehmen würde und welche nicht. Lassen es die finanziellen Möglichkeiten zu, könnte zusätzliche Hilfe organisiert und verpflichtet werden. Das kann eine Haushaltshilfe sein, jemand, der sich um die Kinderbetreuung kümmert, oder jemand, der die Wäsche und/oder den Garten übernimmt.

Unsere Erfahrung zeigt: Oft können die Frauen an diesen Punkten nicht loslassen und erlegen sich selbst den Druck auf, Job, Familie, Haushalt und Fitnessstudio schaffen zu wollen. Häufig hören wir: „Ach, die Putzfrau, die macht mir das nicht gut genug!"

**TIPP** Klären Sie eine ausgewogene Lastenverteilung. Und entscheiden Sie selbst, was Ihnen dabei wichtiger ist – Freizeit für sich, mit Ihrem Kind und Partner oder der 100 % perfekte Haushalt.

# Bedürfnisse

Der amerikanische Psychologe Abraham Maslow erstellte das fünfstufige Modell menschlicher Bedürfnisse. Diese sind für alle gleich, unabhängig von Herkunft und Status. Erst wenn eine Stufe erfüllt ist, interessieren wir uns für die nächste. Bleibt eine der unteren vier Stufen unerfüllt, empfinden wir Defizit und Mangel. Selbstverwirklichung gelingt uns erst, wenn wir bei den Grundbedürfnissen Überfluss und Fülle empfinden. Machen Sie sich klar, dass Sie genau so denken und handeln. Und Ihr Partner auch!

Für Marshall Rosenberg, Erfinder der gewaltfreien Kommunikation, sind Bedürfnisse Ausdruck unserer Lebensenergie. Auch er geht davon aus, dass alle Menschen die gleichen Bedürfnisse haben. Natürlich nicht alle die gleichen zur selben Zeit, doch im Grunde sind sie immer da.

Deshalb ist das Wissen um die eigenen Bedürfnisse und die seiner Mitmenschen wichtig. Genauso wichtig ist es, zu verstehen, dass nur man selbst für die Erfüllung seiner Bedürfnisse zuständig ist. Das heißt nicht, dass Sie gnadenlos egoistisch vorgehen sollen, um sich alle Bedürfnisse zu erfüllen. Aber kümmern Sie sich um sich selbst. Denn erst wenn es Ihnen gut geht, haben Sie Lust und Kraft, sich um andere zu kümmern.

Bleibt ein Bedürfnis unerfüllt, gehen Sie nicht in die Opferrolle und machen Ihrem Partner deshalb keine Vorwürfe. Sondern erforschen Sie, was Ihr Anteil an der Situation ist.

Eine Liste der unterschiedlichen Bedürfnisse nach Thom Bond finden Sie auf den nächsten Seiten. Außerdem eine Auflistung der Gefühle, die eintreten, sofern ein Bedürfnis erfüllt beziehungsweise unerfüllt ist. Stöbern Sie mal!

**TIPP** Selbst die Sicherheitshinweise im Flugzeug raten, sich erst um sich selbst und dann um hilfsbedürftige Mitreisende zu kümmern. Passen Sie also gut auf sich und Ihre Bedürfnisse auf!

# Bedürfnisse nach Thom Bond

| Verbindung | Autonomie | Spaß und Spiel | Sinn | Körperliches Wohlbefinden | Friede |
|---|---|---|---|---|---|
| Akzeptanz | Erkennen/erkannt werden | Abenteuer | Anreiz | Berührung | Akzeptanz |
| Authentizität | Freiheit | Ansporn | Bewegung | Bewegung/Sport | Gelassenheit |
| Empathie | Gegenseitigkeit | Begeisterung | Bestimmung | Erholung/Schlaf | Gleichgewicht |
| Freundschaft | Genährt werden | Entspannung | Bewusstheit | Für sich selbst sorgen | Harmonie |
| Fürsorge | Gleiche Wellenlänge | Freude | Bewusstsein | Körperliche Sicherheit | Hoffnung |
| Gemeinschaft | Gut für sich sorgen | Humor | Das Leben feiern | Körperpflege | Leichtigkeit, Einfachheit |
| Inspiration | Partnerschaft | Spaß | Effizienz | Luft | Ordnung |
| Integrität | Präsenz | | Etwas beitragen | Nahrung | Raum |
| Intimität | Respekt | | Fortschritt | Sexualität leben | Schönheit |
| Kameradschaft | Respekt vor sich selbst | | Herausforderung | Unterkunft | Seelenfriede |
| Kommunikation | Sehen und gesehen werden | | Integration | Wasser | Verbundenheit |
| Liebe | Selbstausdruck | | Integrität | | Vertrauen |
| Miteinbezogen-sein | Sicherheit | | Klarheit | | |
| Mitgefühl | Sich selbst akzeptieren | | Kompetenz | | |
| Nähe | Spontaneität | | Kreativität entdecken | | |
| Rücksichtnahme | Stabilität | | Lernen | | |
| Verbundenheit | Unabhängigkeit | | Mitwirkung | | |
| Wertschätzung | Unterstützung | | Perspektive | | |
| Zugehörigkeit | Verständnis | | Präsenz | | |
| Zuneigung | Vertrauen | | Selbstausdruck | | |
| | Wahlfreiheit | | Trauern | | |
| | Wärme | | Verständnis | | |
| | Würde | | Wachsen | | |
| | Zugehörigkeit | | Wirkungskraft | | |

## Gefühle bei UNERFÜLLTEN Bedürfnissen

| | |
|---|---|
| angeekelt | irritiert |
| angespannt | müde |
| ärgerlich | mutlos |
| aufgeregt | nervös |
| bedrückt | beschämt |
| deprimiert | schockiert |
| empört | schwer |
| erschrocken | teilnahmslos |
| erschüttert | träge |
| erschöpft | traurig |
| gelähmt | ungeduldig |
| gelangweilt | unglücklich |
| genervt | verzweifelt |
| gestresst | verwirrt |
| gleichgültig | wütend |

## Gefühle bei ERFÜLLTEN Bedürfnissen

| | |
|---|---|
| aktiv | inspiriert |
| angeregt | klar |
| aufgedreht | kraftvoll |
| ausgeglichen | locker |
| befreit | lustig |
| behaglich | motiviert |
| dankbar | munter |
| eifrig | begeistert |
| engagiert | neugierig |
| entspannt | optimistisch |
| erfüllt | selbstsicher |
| ergriffen | sorglos |
| fasziniert | stark |
| ausgelassen | überwältigt |
| fröhlich | vertrauensvoll |
| glücklich | zärtlich |
| geborgen | zufrieden |
| gelassen | zuversichtlich |

# Beziehungspflege

Immer nur rund um die Uhr zusammen sein, kann das gut gehen? Ja, das kann! Damit es gelingt, empfehlen wir Ihnen, unbedingt Sie selbst zu bleiben und sich hin und wieder Auszeiten vom eigenen Partner zu nehmen. Suchen Sie sich getrennte Hobbys, machen Sie einen Männer- oder Frauenabend, gehen Sie mit Freundinnen ins Kino oder zum Quatschen. Besuchen Sie das Fitnessstudio, gönnen Sie sich einen Zigarrenabend oder Museumsbesuch mit dem besten Freund. Tun Sie etwas mit einem anderen Menschen, der Ihnen wichtig ist, Sie stärkt und Ihr Leben bereichert.

Das ist keine Ermunterung, Abwechslung durch Fremdgehen zu suchen. So etwas würde Ihre Beziehung zerstören und kostet nur Kraft. Es geht vielmehr darum, Kraft zu schöpfen, um die eigenen Stärken wiederzubeleben. Wenn das beiden gelingt, bleibt jeder er selbst.

**TIPP** Das andere Geschlecht inspiriert uns, aber das eigene Geschlecht nährt uns. Soll heißen: Kraft schöpfen Sie im Kontakt mit dem besten Freund oder der besten Freundin. Zuhören und verstehen oder einfach nur ausgelassen miteinander abhängen weckt die Lebensgeister.

## Danke sagen

Es geschieht allzu leicht, dass das, was man als Paar füreinander im Unternehmen und/oder zu Hause tut, als selbstverständlich hingenommen wird. Und die Verbundenheit oder das tagtägliche Engagement des anderen sukzessive in Vergessenheit gerät. Dabei beflügelt nichts so sehr wie ein ernst gemeintes Lob oder die Dankbarkeit des Partners. Jedem Mitarbeiter oder Freund zollt man Dank für außerordentlichen Einsatz und Loyalität. Warum nicht auch dem Partner?

Das kann der Blumenstrauß zum Jahrestag der gemeinsamen Firmengründung oder des Eintritts in die Firma sein. Das besondere Abendessen beim Firmenjubiläum oder die Kinokarten für den Actionfilm, den er so liebt. Marianne freute sich riesig, als sie von Helmut zum 20-jährigen Jubiläum ein wunderschönes, mit Musik hinterlegtes PowerPoint-Video über die gemeinsame Firmenzeit bekam.

Auch kleine Überraschungen, wie ein spontaner Restaurantbesuch, das neueste Buch zum Lieblingsthema, der Ausflug in das einstige Kennenlern-Lokal, der kleine Zettel mit dem Herzchen drauf, wenn man einkaufen fährt, die Postkarte mit dem Spruch „Bester Mitbewohner der Welt", sind kleine Dankesbekundungen, Liebesbeweise beziehungsweise Ausdruck von Wertschätzung und Verbundenheit. Probieren Sie es aus und spüren Sie, welche Energie das gibt!

**TIPP** Bedanken Sie sich hin und wieder bei Ihrem Partner. Für seine Liebe, sein Engagement, sein Vertrauen, seine Verlässlichkeit. Wir sind sicher, da fällt Ihnen etwas ein!

## Feste Rituale

Rituale im Leben haben eine wunderbare Kraft. Sie wirken wie ein Anker in unserem Alltag und vermitteln: Alles ist gut und sicher. Und sie können helfen, Krisen zu bewältigen. Deshalb beschwören wir Sie: Schaffen Sie sich feste Rituale.

Was kann das sein? Vielleicht der abendliche Espresso oder das Gläschen Wein, bei dem Sie beide den Tag rekapitulieren. Verarbeiten Sie das Negative und finden Sie unbedingt jeden Tag etwas Positives. Das gibt Ihnen die Kraft zum Weitermachen.

Oder machen Sie es sich sonntags schön! Gönnen Sie sich ein ausgiebiges gemeinsames Frühstück, gleich ob in einem Café oder zu Hause. Machen Sie sich dazu schick und reden Sie miteinander. Über alles Mögliche, nur nicht über die Firma. Starten Sie anschließend einen Spaziergang oder machen Sie einen Ausflug. Haben Sie Kinder, ist der Sonntag der feste Tag für die Familie. Ob gemütlich zu Hause bei Spielenachmittag oder beim Ausflug ins Legoland.



Verteidigen Sie diesen Tag so gut es geht! Da sollte möglichst nichts dazwischenkommen. Denn was gibt es Wertvolleres als die Zeit, die Sie als privates Paar oder Familie miteinander verbringen? Nichts was Sie in diesem Punkt versäumen, lässt sich nachholen! Unternehmerpaare, die sonntags arbeiten müssen, sollten den entsprechenden Ruhetag zum Familientag machen.

**TIPP** Wenn eines Ihrer pubertierenden Kinder beim sonntäglichen Frühstück wütend vom Tisch aufsteht und droht, zur Schulfreundin zu ziehen, weil die Eltern mal wieder nichts als „die dämliche Firma" im Kopf haben, gilt Alarmstufe Rot. Also, verbannen Sie die Firma vom Frühstückstisch und auch vom Abendbrottisch und widmen Sie sich mit allen fünf Kugeln Ihrer Familie! Ihre Kinder danken es Ihnen.

# Immer versöhnt einschlafen

Gemeinsame Fahrt mit dem Auto nach Hause. Durchsprechen der wichtigen Präsentation beim möglichen neuen Kunden am nächsten Morgen. Meinungsverschiedenheiten über die Rollenverteilung, die Art der Einleitung und Präsentationsdramaturgie. Weiter geht es mit dem Thema beim Abendbrot. Ein Wort gibt das andere und auf einmal eisiges Schweigen. Man geht zu Bett, ohne versöhnliches Wort. Beide schlafen miserabel und beide präsentieren am nächsten Tag ungewohnt schlecht. Der vermeintlich neue Auftrag kam nicht zustande. Und seitdem haben wir uns geschworen: Das passiert uns nicht wieder.

**TIPP** Immer versöhnt einschlafen. Das gibt inneren Seelenfrieden, lässt Sie besser schlafen und schützt vor schlechtem Gewissen, sollte der andere die Nacht nicht überleben.

# Lebensrollen: Was ist das denn?

Das ist nichts Geringeres als Aufgaben in Ihrem Leben, für die Sie alleine die Verantwortung übernehmen und um die Sie sich regelmäßig kümmern. Vier Dimensionen machen ein ausgewogenes und in Balance befindliches Leben aus.

| | |
|---|---|
| **Beruf** | **Kontakt** (Partner, Kinder, Freunde) |
| **Sinn** | **Ich** (Sport, Hobbys, persönliche Weiterentwicklung außerhalb des Berufes) |



Innerhalb dieser vier Felder sollten Sie insgesamt nicht mehr als sieben Rollen ausfüllen. Sonst verzetteln Sie sich. Beispiele für Ihre Lebensrollen sind:

- Inhaber(in), Unternehmer(in), Chef(in), Vorgesetzte(r), Ausbilder(in)
- Ehemann/-frau, Freund/Freundin, Sohn/Tochter, Vater/Mutter, Opa/Oma, Patenonkel/-tante
- Innungsmeister, Schütze, Schulpflegschaftsvorsitzende, Mitglied im Karnevalsverein/ Kirchenchor usw.

Wenn Sie feststellen, dass Sie dabei sind, zu viel zu machen, entwickeln Sie einen Plan, in dem Sie definieren, was Sie als Erstes streichen können. Streichen Sie ohne schlechtes Gewissen. Besser weniger mit Freude und vollem Herzen tun, als zu vieles angestrengt und gehetzt.

Vielleicht stolpern Sie über das Kästchen mit dem Wort Sinn. Dann überlegen Sie doch einmal, weshalb es Sinn macht, über Sinn nachzudenken! Als Selbstständige arbeiten Sie rund um die Uhr. Weshalb tun Sie das? Um ein bestimmtes Auto zu fahren (da fällt uns der Autolackierer ein, der seinen Ferrari immer nur nachts aus der Garage holte, damit die Kunden nicht meinten, er verdiente zu viel), weil Sie für Ihre Familie sorgen wollen, weil Sie das Haus abbezahlen müssen oder einfach, weil Sie das, was Sie tun, gerne tun und darin Erfüllung finden?

Die Sinnfrage erklärt sich am besten am Beispiel großer Katastrophen. Denken Sie daran, wie viele freiwillige Helfer sich bei Hochwasser oder einem anderen Naturereignis wie seinerzeit Sturm Ela einbringen. Das tun Menschen, weil sie einen Sinn in dem sehen wollen, was sie machen. Die Sinnfrage zu klären, hilft Ihnen vor allem dann, wenn es einmal in Unternehmen oder Beziehung kriselt. Dann reißt es Ihnen nicht so schnell den Boden unter den Füßen weg. Meist stellen wir uns nur an Tiefpunkten wie schweren Krankheiten oder gar beim Tod eines geliebten Menschen die Sinnfrage.

**TIPP** Tun Sie es jetzt – gemeinsam mit Ihrem Partner. Entwickeln Sie eine Vision. Klären Sie, welche Werte Ihnen wichtig sind, was Sie zum Schluss in Ihrem Leben erreichen wollen und wie Sie das angehen.

# Sich selbst treu und eigenständig bleiben

Kein Mensch sollte sich für jemanden oder etwas verbiegen. Und so wie Sie sind, sind Sie gut. Und haben Ihre liebenswerten Seiten, Ihre Qualitäten und Fähigkeiten. Und halt auch Eigenarten (die verstärken sich übrigens im Alter). Das gilt für Sie selbst, Ihren Partner und alle Menschen, die Sie umgeben.

Wie Sie denken und agieren, ist quasi von Beginn an durch die Einteilung Ihrer Hirnareale festgelegt. Es gibt verschiedene Analyse-Methoden, die dies plastisch darstellen. Wir arbeiten dabei nach der Archimedus®-Methode, die drei Kräfte unterscheidet und diesen Kräften Farben zuordnet.

### Kraft Werkzeug

Strukturkraft für angewandte Systeme, Methoden und planerisches Handeln

### Kraft Inspiration

Aufbruchskraft für Innovationsfreude, Kreativität und Zielorientierung

### Kraft Mensch

Gemeinschaftskraft für Werteorientierung und Kommunikation

Welche dieser drei genannten Kräfte mit welchem Gewicht in Ihrer Persönlichkeit vorhanden sind und was das für Konsequenzen in Ihrem Leben und beim Umgang mit anderen Menschen hat, klärt eine Präferenzanalyse. Welches Potenzial Sie haben, was Sie davon bisher noch nicht nutzen, wo Sie oder Ihre Firma also Entwicklungsmöglichkeiten haben, lässt sich mit unserer Potenzialanalyse herausfinden. Mehr dazu auf unserer Website.

**TIPP** Bleiben Sie sich selbst treu und optimieren Sie, was in Ihnen steckt! Heben Sie die verborgenen Schätze!

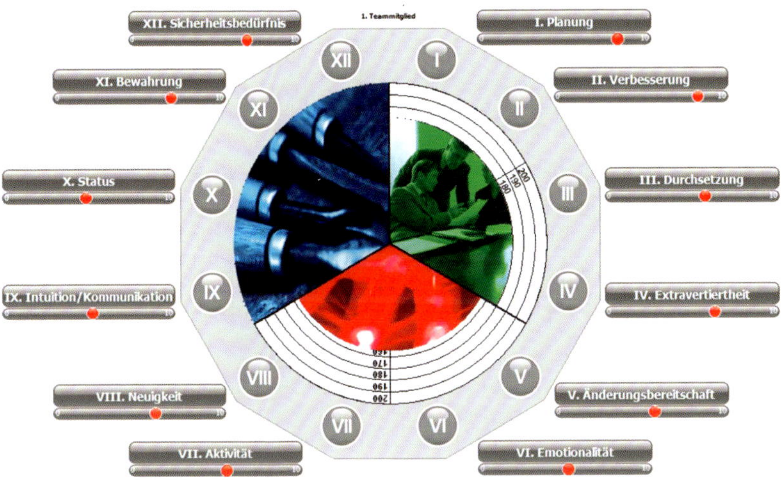


Eigenständig bleiben hat noch andere, kleine und dennoch wichtige Aspekte. Nehmen wir als Beispiel die Fahrt zum Betrieb oder die Mittagspause. O. k., vielleicht ist es unter Umweltaspekten besser, gemeinsam mit einem Auto zu fahren. Doch uns war genau diese Zeit alleine im Auto wichtig. Zum einen konnte jeder seinen Arbeitstag starten und beenden wie es in seine Planung passte. Zum anderen musste man nicht schon im Auto alles mögliche Dienstliche besprechen. Und wenn es morgens einmal zoffte, war der Ärger darüber bei einem lauten Song im Auto schnell verraucht. Weiterer Aspekt: Wenn jeder selber fährt, kann er seine Lieblingsmusik hören (Rolling Stones oder Beethoven) und sie die ihre (Rebekka Bakken oder Joseph Calleja).

Die Mittagspause getrennt voneinander zu verbringen und mal mit den Mitarbeitern zu dem berühmten Restaurant mit den zwei goldenen Bögen zu fahren oder einfach nur alleine eine Runde um den Block zu gehen, kann wunderbar entspannend wirken. Probieren Sie es doch einfach mal aus!

# Der eigene Stil

Unterschiedlicher als wir beide kann man kaum sein. Helmut ist auf allen drei Feldern (s. Seite 68; Struktur-, Aufbruchs- und Gemeinschaftskraft) gleich stark. Das macht ihn manchmal schwer einschätzbar. In der Regel verhält er sich eher rational, unglaublich geduldig, manchmal abwägend, meist zurückhaltend, ungemein naturverbunden, musikalisch, und er ist ein guter Pädagoge (hat er ja auch ursprünglich gelernt). Er arbeitet diszipliniert, denkt dabei eher an das große Ganze und hasst zuweilen die Details.

Rotdominant verfügt Marianne über viel Aufbruchskraft, leicht gedämpft durch die Strukturkraft. Als Energiebündel mit „Sei schnell"-Antreiber mutet sie sich manchmal zu viel zu. Sie ist emotional mitfühlend, ungeduldig, gibt ungern Verantwortung und Kontrolle ab, überschaut unzählige Projekte zeitgleich und übernimmt in Teams gern die Führungsrolle. Die Kunden schätzten ihre „Geht nicht, gibt's nicht"-Haltung und ihr Organisationstalent mit der Liebe zum Detail.

Ist davon nun einer oder eines besser oder schlechter? Weder – noch, sondern wohltuend ergänzend. Jeder hat einen ganz eigenen Arbeitsstil. Da gibt es die Lerche (Morgenmensch) und auch die Eule (Nachtmensch), den Planer und den Losleger. Und für das Erreichen des Ziels war genau diese Unterschiedlichkeit äußerst fruchtbar.

Egal, welche Herausforderung beruflich anstand oder ansteht: Nachgedacht und konzipiert haben wir oft gemeinsam. Die klare Aufgabenteilung (Strategie und Umsetzung, Ablaufplanung und Kosten) erleichterte das Leben. Derjenige, der eher auf dem gerade erforderlichen Fachgebiet zu Hause ist, startet dann mit der konkreten Umsetzung. Der andere arbeitet ergänzend nach. Dabei waren und sind wir Partner auf Augenhöhe. Eitelkeiten gibt es nicht, unterschiedliche Sichtweisen schon. Darüber wird diskutiert.

So ist auch dieses Büchlein entstanden. Gemeinsam nachgedacht, einer angefangen, der andere ergänzt, beide Spaß gehabt.

**TIPP** Respektieren Sie sich in Ihrer Unterschiedlichkeit und nutzen Sie dies zum Erreichen des bestmöglichen Ergebnisses. Der Erfolg gehört Ihnen beiden.

# Alt werden ist was für Mutige

Wir bestätigen: Mit zunehmendem Alter sinken Belastbarkeit und Leistungsfähigkeit. Eine Zeit lang macht Erfahrung den Tempoverlust wett. Doch irgendwann ist der Bedarf an Ruhe- und Entspannungsphasen als Stressprophylaxe wichtig. Daran sollten Sie denken, denn wie bereits an anderer Stelle erwähnt, vergisst Ihr Körper nichts.

Damit Sie, so wie wir selber, möglichst lange möglichst fit bleiben, legen wir Ihnen das von Florian Langenscheidt entwickelte Prinzip des vierblättrigen Gesundheits-Kleeblatts ans Herz. Es entstammt seinem „Handbuch zum Glück", das sehr empfehlenswert ist.

Das Schöne am Älterwerden ist das Anwachsen der Gelassenheit. Sich seiner Stärken und Fähigkeiten bewusst sein, nicht mehr jeden Auftrag um jeden Preis zu brauchen, verleiht innere Unabhängigkeit und lässt einen die Dinge mit anderen Augen sehen.

Jeder kann sehr lange leistungsfähig bleiben, wenn er auf sich vertraut, neugierig bleibt (im Sinne von Weiterbildung), junge Leute nicht als Konkurrenz empfindet und sich sein Mantra der Gelassenheit schafft. Hier ist Helmuts Gelassenheits-Versprechen als Tipp:

**TIPP** Ich tue alles langsam, ruhig und gelassen, konzentriert und fokussiert, eines nach dem anderen, in genau der Zeit, die ich brauche.

# Die glorreichen sieben Beziehungshüter

Es gibt für uns sieben wichtigste Punkte, die unser Zusammensein und unsere Beziehung ausmachen. Wir sind sicher, sie waren und sind das Erfolgsrezept für gutes Zusammenarbeiten und eine erfüllte und harmonische Beziehung. Lesen Sie unsere Helmut-Marianne-Beziehungshüter-Hitliste:

1. Liebe und Zuneigung

2. Vertrauen und Toleranz

3. Anerkennung und Wertschätzung

4. Respekt und Rücksicht

5. Klare Zuständigkeiten und Rollenverteilung

6. Reden und Zuhören

7. Lachen – miteinander und übereinander

**TIPP** Entwickeln Sie Ihre ureigene Erfolgsrezeptur und hängen Sie diese irgendwo sichtbar für sich zu Hause auf.

# FAMILIENBANDE

# Kinder, Kinder

Oh ja, und dann sind da noch die Kinder. Viele Unternehmerpaare haben ein schlechtes Gewissen, wenn sie sich aufgrund der Firma nicht intensiv genug um die Kinder kümmern können. Machen Sie sich einfach klar, dass die Beziehung zu Ihren Kindern nicht quantitativ, sondern qualitativ gemessen wird. Und schauen Sie sich die überbehüteten Kinder an, denen die Luft zum Atmen und zur Selbstentfaltung genommen wird, weil die gesamte Zeit besorgte Helikopter-Eltern über ihnen schwirren.

Die Situation mit den Kindern war bei uns wahrlich nicht einfach. Helmut hat aus seiner ersten Ehe zwei Söhne, die bei ihrer Mutter aufwuchsen. Vatersein war für ihn herausfordernd, weil zum einen die Söhne unter dem Einfluss der Mutter standen und zum anderen der Aufbau der Firma vollen Einsatz forderte. So blieb mit Sicherheit weniger Zeit für die Jungs übrig, als ihnen zugestanden hätte. Helmut versuchte dies mit hochwertigen Events wie Formel-1 Rennen, gelegentlichen Ausflügen und seltenen Vater/Sohn-Urlauben auf Langeoog und in Südtirol zu kompensieren. Für ihn war es das, was er tun konnte; für die Kinder eher zu wenig.



Für Marianne war das heterogene Rollenbündel als alleinerziehende Mutter, neue Lebenspartnerin und Firmengründerin manchmal immens schwer. Das schlechte Gewissen über zu wenig Zeit, die sie mit ihrer Tochter verbringen konnte, quält sie zum Teil bis heute.

Alles war Herausforderung. Die Beziehung der Söhne zur neuen Frau ihres Vaters problematisch und verständlicherweise nicht frei von Eifersucht. Die Stiefgeschwister versagten einander Interesse und Anerkennung. Gemeinsame Unternehmungen und Familientreffen waren nie ohne Spannungen. So kam es, wie es kommen musste. Bei Helmuts 60. Geburtstag, zu dem unsere engere Patchwork-Familie erstmalig gemeinsam eine Woche in der Provence verbrachte, knallte es und alle aufgestauten Emotionen brachen sich Bahn. Während bei den Söhnen eher das Trennungsthema im Vordergrund stand, war es bei Mariannes Tochter die fehlende gemeinsame Zeit durch das Primat der Firma.

**TIPP** Was geschehen ist, lässt sich nicht rückgängig machen. Bei der gemeinsamen Aufarbeitung geht es nicht um Schuld oder Rechtfertigung. Sondern um Raum für den Schmerz aller Beteiligten und wechselseitiges Verstehen.

In ihrer Jugend absolvierten alle drei Kinder Praktika und Aushilfsjobs im Unternehmen. Für keines der drei war es jemals eine Option, die Firma weiterzuführen. Das war für uns einerseits schwer und andererseits sehr gut nachvollziehbar. Vielleicht haben die Kinder mitbekommen, was es bedeutet, selbstständig zu sein (zumal im Haifischbecken der Werbebranche) und wollten diesen Weg für sich selbst nicht einschlagen.

Heutzutage sind alle erwachsen. Aus jedem ist etwas geworden und das Miteinander funktioniert deutlich besser. Wir sind unglaublich stolz auf sie und lieben sie sehr.

Dass Ehen scheitern, ist heutzutage keine Seltenheit. Wenn Paare ein Unternehmen führen und Kinder haben, besitzen sie eine besondere Verantwortung für alle Beteiligten: sich selbst, den Partner, die Kinder und das Unternehmen. Wenn Sie das hinbekommen, können Sie sehr stolz sein. Wenn es einmal quietscht, ölen Sie gemeinsam. Es ist so wertvoll!

## Unser wichtigster TIPP

So wie Sie als Eltern sind und waren, so sind Sie gut. Denn Sie versuchten mit Sicherheit, immer alles nach bestem Wissen und Gewissen zu machen. Sollte es etwas geben, über das Sie heutzutage mit Ihren erwachsenen Kindern sprechen möchten, zögern Sie nicht. Über alles kann man sprechen. Und auch Ihre Kinder werden einst merken: Verstehen kann man das Leben nur rückwärts. Leben muss man es vorwärts.

# Alle unter einem Dach?

Sie sind in einem Betrieb tätig, der ursprünglich von Ihren Eltern oder Schwiegereltern gegründet wurde? Dann haben Sie und Ihr Partner besondere Herausforderungen zu meistern.

Es gibt in unserer unmittelbaren Umgebung tolle Beispiele dafür, wie generationsübergreifend in einem Betrieb gearbeitet wird und selbst Schwiegermutter und -tochter sich gut verstehen und wechselseitig akzeptieren.

Aus vielen Unternehmen wissen wir, dass dies nicht immer so einfach ist. Die eine oder andere Seniorchefin kann es selbst nach Jahren nicht lassen, die Buchhaltung selbst zu machen oder sich in die Empfängerliste für die Weihnachtspost einzuschalten. Oder der Seniorchef versteht nicht, wieso man jetzt einen Internetauftritt braucht und warum die alten Maschinen nicht mehr gut genug sind.

**Hier gilt das Gebot: Das neue Unternehmerpaar übernimmt den Betrieb, führt ihn im eigenen Sinne und findet seinen individuellen Stil. Ganz gleich, was die Gründergeneration darüber denkt oder gerne hätte. Übergangsregelungen – organisatorisch wie finanziell – sind klar festzulegen.**

Das kann schwierig sein und braucht eventuell begleitende Hilfe von außen. Nehmen Sie sich diese!

Leben beide Generationen unter einem Dach, ist es ratsam, sich seine Freiräume zu nehmen und so gut es geht abzugrenzen.

**TIPP** Generationenübergreifendes Arbeiten und Leben kann für alle Beteiligten Fluch oder Segen sein. Sie haben es in der Hand. Machen Sie das Beste draus. Und suchen Sie sich bei Bedarf professionelle Unterstützung.

# COACHING FÜR UNTERNEHMERPAARE

# Erfahrungen teilen – Erfolg verdoppeln

Jetzt haben Sie einen Einblick bekommen, wie unser 24/7-Paar-Dasein war, und vielleicht manches gelesen, was zu Ihrem eigenen Unternehmeralltag gehört. Eventuell haben Sie sich bei der ein oder anderen Schilderung wiedererkannt. Es freut uns, wenn Sie Anregungen und Ideen erhalten haben, an welcher Schraube Sie drehen können, damit Ihre Lebenssituation noch besser wird oder bestehende Probleme gelöst werden können. So oder so möchten wir Ihnen kurz unser Angebot vorstellen.

## Das Angebot für Unternehmerpaare

Fünf Angebote für Paare, die zusammenleben und in kleinen oder mittelständischen Unternehmen zusammenarbeiten. Dabei besitzen wir eine besondere Expertise in den Bereichen Handel und Handwerk (alle Gewerke) sowie Kommunikation (Werbeagenturen, Social-Media-Agenturen, Druckereien usw.). In vielen anderen Branchen wie Gastronomie, Landwirtschaft, Gesundheitswesen usw. haben wir einen großen Erfahrungsschatz.

# Unsere Angebote im Überblick:

## Standortbestimmung und Coaching

Unternehmensstrategie, Mitarbeiterführung, eigene Bedürfnisse und die Paarbeziehung – das sind die Themenfelder unseres Coachings für Unternehmerpaare in Kleinbetrieben. Wir kommen zu Ihnen in den Betrieb oder Sie zu uns und arbeiten gemeinsam an den Aspekten, die Ihnen wichtig sind.

## Workshop Erkenntnis- und Aufbautage

Raus aus dem Alltag und hinein in den Erfahrungsaustausch. Maximal acht Unternehmerpaare holen sich neue Power für die Bereiche Ich, Du und die Firma. Start ist freitags um 16:00 Uhr und Ende sonntags gegen 13:00 Uhr.

## Unterhaltsamer Ratgeber

Seit 25 Jahren leben und arbeiten Helmut und Marianne Becker zusammen. Daraus entstand die kleine Ermutigung für Unternehmerpaare „Ich & Du und die Firma", die Sie in Händen halten.

## Ermutigungs-Telefon

Sie brauchen ein offenes Ohr oder einen konkreten Tipp für eine akute Herausforderung oder Frage? Den Teilnehmern unseres Coachings und Workshops stehen wir gern zur Verfügung. Abgerechnet wird minutengenau auf der Basis von 1,50 € pro Minute.

## Internet Community

Auf der www.powerpaare.net Webseite finden Sie alles über uns als Coaches, unsere Mission, Termine für die nächsten Workshops, die Nummer unseres Ermutigungs-Telefons oder die Anmeldemöglichkeit zu unserem monatlichen E-Mail-Newsletter.

Reinschauen lohnt sich!

## Jetzt sind Sie am Zuge

**Für sie**

Vielleicht haben Sie Lust, diese Seiten jeder für sich oder gemeinsam auszufüllen.

Meine wichtigsten Erkenntnisse aus diesem Buch

1. ______________________________

______________________________

2. ______________________________

______________________________

3. ______________________________

______________________________

Das möchte ich gerne für mich ändern

1. ______________________________

______________________________

2. ______________________________

______________________________

3. ______________________________

______________________________

Das wünsche ich mir von meinem Partner

1. ______________________________

______________________________

2. ______________________________

______________________________

3. ______________________________

______________________________



Das sollten wir in der Firma ändern

1. ______________________________

______________________________

2. ______________________________

______________________________

3. ______________________________

______________________________

Meine wichtigsten Erkenntnisse aus diesem Buch

**Für ihn**

1. ____________________

____________________

2. ____________________

____________________

3. ____________________

____________________

Das möchte ich gerne für mich ändern

1. ____________________

____________________

2. ____________________

____________________

3. ____________________

____________________

Das wünsche ich mir von meinem Partner

1. ______________________________

______________________________

2. ______________________________

______________________________

3. ______________________________

______________________________

Das sollten wir in der Firma ändern

1. ______________________________

______________________________

2. ______________________________

______________________________

3. ______________________________

______________________________

# Wir würden es wieder tun

Wenn wir auf über 25 Jahre zurückblicken, ist das Resümee eindeutig: Wir würden es wieder tun!

Wir danken Kunden und Lieferanten, die uns die Treue hielten oder uns herausforderten.

Wir danken unseren Mitarbeitern für ihren Einsatz und ihre Ideen.

Wir danken unseren Kindern, dass sie uns und unseren Fehlern versöhnlich gegenüberstehen.

Wir danken unseren Familien und Freunden für die Nachsicht und den Zuspruch in schwierigen Phasen.

Und wir bedanken uns beieinander für das gemeinsam Erlebte, Geschaffte und Gemachte.

Nach all den Jahren möchten wir nun noch eins: das tun, was uns wirklich Spaß macht. Nämlich Menschen in ähnlicher Situation ein offenes Ohr oder einen aus der Erfahrung resultierenden Rat schenken. Und das mit fünf Kugeln!

Herzlich grüßen
Helmut und Marianne Becker

**TIPP** Das Leben ist schön; auch oder vielleicht gerade als 24/7-Paar.

# Anhang

**Quellenangaben:**

Thom Bond; Mitgefühl als Weg
Florian Langenscheidt; Handbuch zum Glück
Marshall Rosenberg; Gewaltfreie Kommunikation
Knoblauch/Wöltje/Hausner/Kimmich/Lachmann; Zeitmanagement
Zahlreiche Gespräche mit Unternehmerpaaren

**Literaturtipps:**

Kelly Bryson; Sei nicht nett, sei echt!
Chuck Spezzano; Wenn es verletzt, ist es keine Liebe
Fravi/Plattner-Gerber; Wenn Paare Unternehmen führen
Schindler/Hahlweg und Revenstorf; Partnerschaftsprobleme?
Watzlawick; Anleitung zum Unglücklichsein

**Bildnachweis:**

Alchimedus®/Kalchreuth (S. 69)
Anna Kaduk/ Düsseldorf (S. 92)
Becker Consulting GmbH
nanami7/Shutterstock (S. 1, 4, 5, 7, 8, 16–26, 29, 31, 33, 34, 35, 37, 39–42, 44–47, 49–56, 59, 61, 62, 64, 65, 67–71, 73, 75, 77–79, 82, 83, 88, 92)
ha kule/Shutterstock (S. 27, 28)
Alias Ching/Shutterstock (S. 63)
MI1413/Shutterstock (S. 9)
M. Leheda/Shutterstock (S. 15)
Chaosmaker/Shutterstock (S. 29)
Rashevskyi Viacheslav/Shutterstock (S. 36)
winui/Shutterstock (S. 57)

**Layout:** Janina Wahle, www.hetjotti.de
**Lektorat:** Ursula Lützeler/Düsseldorf

**Erscheinungsdatum:** Februar 2015 im Selbstverlag

Hier noch drei mögliche Lösungen für unsere Aufgabe, die eingefahrenen Denkmuster zu verlassen:

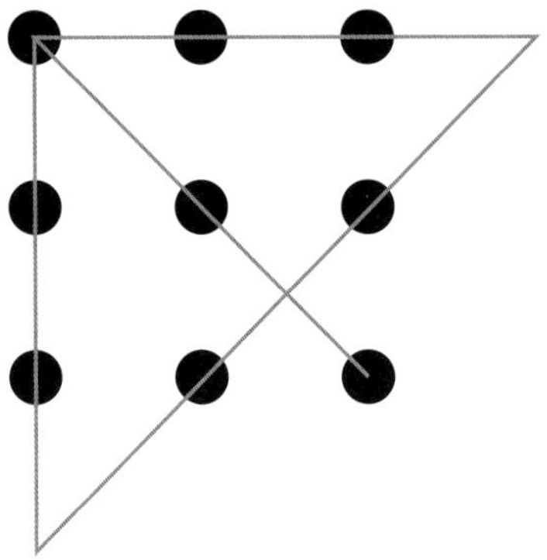

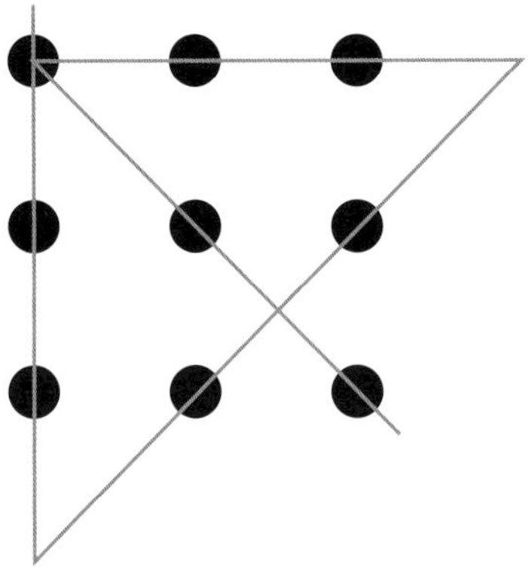

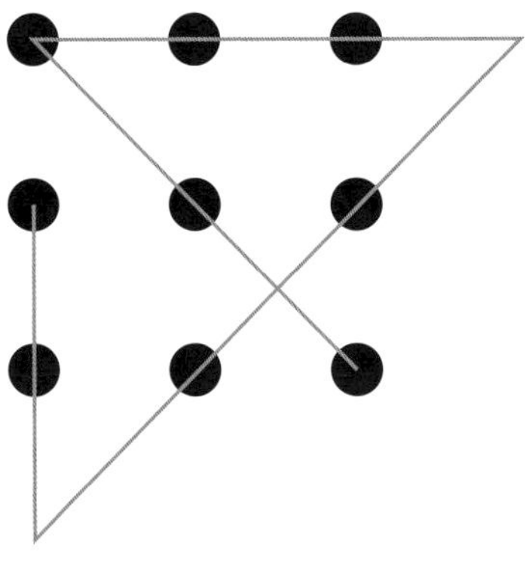